JN144277

［2015年版対応］

ISO 14001

本音で取り組む環境活動

国府 保周 著

日本規格協会

はじめに

“いま，私たちの可愛い地球が，泣いています”．これがISO 14001の原点です．

地球温暖化やオゾン層の破壊など，環境について，大きな規模の話をよく耳にします．皆さんの中には，まわりの緑が減ったり，鳥の声を聞く機会が減ったような印象をおもちの方もいらっしゃるかもしれません．これらすべてをすぐさま解決できる訳ではありませんが，私たちにできることも，ずいぶんたくさんあるはずです．

本書では，私たちの環境への取組みを，もう一度考えてみるとともに，ISO 14001が有効なのはなぜか，本当にISO 14001に取り組むだけでよいかなど，原点に立ち返って考えたいと思います．また，ビジネスと環境の両立についても，併せて考えることといたします．

ISO 14001の2015年版には，組織の状況の理解，リスクと機会，リーダーシップ，ライフサイクルの視点などの要素が加わりました．ただし，環境への取組みの姿勢や意欲は，私たちの心の奥底から湧き上がってくるものでありたいものです．

2016年6月

国府　保周

目　　次

第 1 章
地球環境に対して，いま私たちができること

環境問題が叫ばれ出してから久しいですが，環境問題は他人事ではありません．私たちにできることが，実はずいぶんあります．環境問題のこと，ISO 14001 のことを，さあ，いっしょに考えていきましょう．

1.1　私たちのまわりにある環境問題

＜見まわせば，そこには課題の山が＞

朝起きてから夜眠るまで，自分のまわりを見まわすだけでも，環境の課題がゴロゴロ．気にしすぎてるかな．でも考えて行動しないと，将来が心配だな．

(1)　起き抜けに

おはよう．すがすがしい朝だな．山の緑はキレイ，空気はウマイ，と深呼吸をすれば二酸化炭素が頭をよぎり，空を見上げればオゾン層を思い出す．そう言えば春の黄砂は，黄河流域の砂漠化が原因？

(2)　自宅で朝食を

朝ごはん，ごちそうさま．食器を片づけて，牛乳パックはよく洗って乾かしてっと．あれ，ゴミはいくつに分別するんだったかな．あ，いけないっ．弁当のフライに使った油を排水口に流してしまった．

(3)　職場にて

さあ出勤.天気がよいから,マイカーではなく自転車で行こう．これは社内用コピーだから“裏紙”を使おう．昼休みはパソコンを休ませて節電しなきゃ．午後は営業．環境配慮型商品をバリバリ売るぞ．

(4)　まわりを見まわすと

このように,私たちのまわりを見まわすだけでも，環境に関して考えなければならないことが，非常にたくさん存在しています．

環境問題は地球規模で考える必要があると言われます．しかし，私たちの組織や家庭で取り組めて，実際に成果を上げられるものも結構あります．

1.2 環境問題の地球規模の広がり

<人と物の動きが広がると…>

昔だったら結婚相手は同じ邑(むら)の人．いまや国際結婚は当たり前．食べ物も電化製品も，外国からどんどんやってくる．環境への姿勢もボーダレス化です．

(1)　時代は急速に変化している

交通手段が徒歩と駕籠（かご）と馬だった時代と，現在の社会とでは，人の動きや物の流れも違えば，仕事に対する捉え方も違うし，自然との接し方も違います．

江戸時代どころか，終戦直後と比べるだけでも，その変化の大きさには目を見張ります．

(2)　物事は地球規模で動いている

原料を掘り出す，物を作って動かす，それを消費する．その間に資源やエネルギーを消費し，副産物も生み出します．これらが地球規模で動いているのです．生産物の動きだけでなく，副産物も，風や海流に乗って，地球のすみずみにまで行き渡ります．

(3)　地球の疲れが環境問題に

環境に影響をきたすものは，いわば，地球にとっての疲労成分とも言えるもので，これらが溜まって広がるにつれて，特定の地域だけでなく，地球も疲れてきます．これが環境問題です．

(4)　“持続可能な発展”を目指して

これをそのまま放置する訳にはいきません．環境への取組みは不可欠です．とはいえ，徒歩と駕籠と馬の時代に戻りたくない．“環境との調和の道”を探す，これがいまの環境への取組みの原点です．

1.3 “環境”とは

＜規格が最終的に求めているものを理解する＞

本書で取り上げようとしている“環境”とは何なのでしょう．考えてもわからなければ調べる．これが基本です．まずは，原点を押さえましょう．

“環境”という用語の定義
(ISO 14001の3.2.1)

大気，水，土地，天然資源，植物，動物，人及びそれらの相互関係を含む，組織の活動をとりまくもの．

注記1 “とりまくもの”は，組織内から，近隣地域，地方及び地球規模のシステムにまで広がり得る．

注記2 “とりまくもの”は，生物多様性，生態系，気候又はその他の特性の観点から表されることもある．

(1)　本書のテーマ“環境”って，何だろう

自然環境や地球環境は，きっとここでの意図に合っているだろうな．しかし，家庭環境，職場環境とか，企業の経営環境というのはどうだろう．環境音楽や環境ホルモンは，ちょっと意図と違うかな．

(2)　辞書を引いても意味がつかみにくい

『大辞泉』では“まわりを取り巻く周囲の状態や世界．人間あるいは生物を取り囲み，相互に関係し合って直接・間接に影響を与える外界”と説いています．

『ランダムハウス英和大辞典』では，environment を(特に人・物の存在・発展に影響を与える)“環境，周囲の状況”という訳語を，第一に掲げています．

辞書の説明だけでは，いま一つわかりません．

(3)　規格で意図する“環境”の意味

左の図は，ISO 14001 での“環境”の定義です．規格の中で，何を想定・心配しているかが，少し見えてきました．特に，規格の対象となる主体は個々の組織であり，組織活動を切り口に捉えるのが現実的だと言えます．

また，私たちの身のまわりの問題だけではなく，地球規模の問題までも視野に入れ，ありとあらゆるものを扱っていこうという意図が読み取れます．

1.4　地球という顧客の“顧客満足”

<一人は皆のために，皆は地球のために>

地球は，環境に関する“顧客”．その“顧客満足”を得るには，そして満足度を測るには何が必要か．ISO 14001 には，こんな一面もあります．

(1)　地球は顧客

私たちは地球で暮らしています．地球には大変お世話になっています．いわば“地球は顧客”です．

(2)　地球という顧客の“顧客満足”

“環境に対する取組みは私たち地球人にとって必要なものなのですが，諸般の事情から取組みが少しばかり遅れており，ご迷惑をお掛けしています”

これが，地球という顧客からの苦情に対するいまの回答だとすると，これからの私たちの環境に対する取組み次第で，“顧客満足”が得られるかどうかが，決まるのではないでしょうか．

(3)　顧客満足を確保するための手法

おそらく，これに関する“唯一無二の方法”は，世の中に存在しないのではないでしょうか．ならば，ベターな方法を採ることにしましょう．ISO 14001“環境マネジメントシステム”が，有効な方法であることはたしかです．

(4)　私たちの子孫も大切な顧客

さらに，いままだこの世にいない，私たちの子孫も，地球環境のユーザー，将来の顧客です．ビジネスでは，いまの顧客だけでなく，将来の顧客も念頭に置きますね．環境も同じことです．

1.5　組織を取り巻くものの変化

<時代が変われば周囲も変わる>

以前，組織は顧客と株主だけを見ていればよかった．いまは，四方八方を見渡し，かつ遠くまで見通して，組織自身で考える．時代は急速に変わっています．

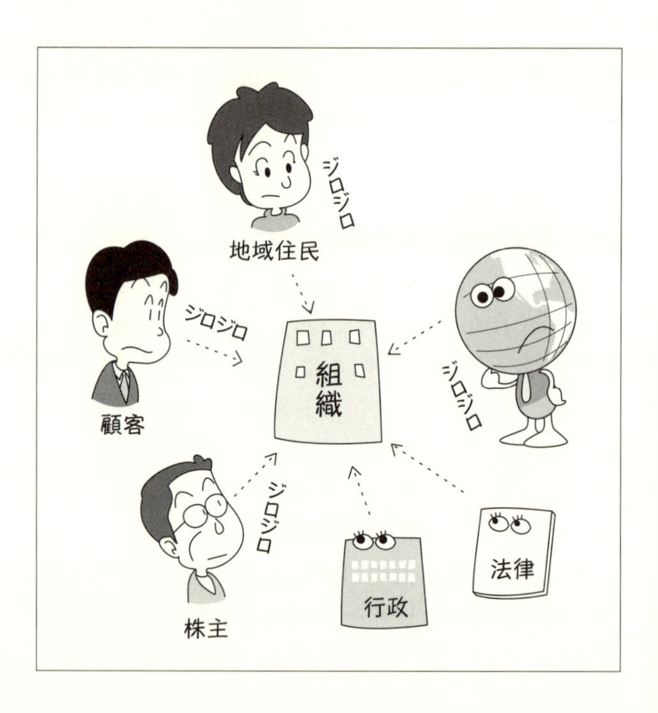

(1)　組織の自立の時代

規制緩和が進んできました．以前は，法や行政が，何かと組織を保護してきました．規制と保護は表裏一体であり，規制が緩和されれば，その保護も外されます．自由競争は，組織の自立を促します．

(2)　従来の組織

組織は，以前であれば，規制と保護のおかげで，顧客と株主だけ見ていれば，基本的には，成り立ちました（かなり極端な言い方ですが）．

(3)　今後の組織

今後の組織は，四方八方にある，数多くのものにさらされます．そこには，資金，技術，情報，人材，時間など多くの要素があり，地域や地球への配慮，外部からの侵攻に対する防御，そして組織内部の変革なども必要となってきています．

(4)　求められる変革

このように組織は，常に外部との接触に対応が求められ，しかもそれらに伴うリスクについても，考えていく必要に迫られています．もちろん環境も，こうした配慮の必要な事項の一つです．

今後，組織が確実な姿で稼働していくためには，さまざまな変革が求められているのです．

1.6　いま私たちにできること

<身近なことから一歩ずつ>

現代の私たちは，普通に生活しているだけで環境を破壊しているような気がします．皆が少しずつ持ち寄って，できることを進めていきましょう．

(1) 自分たちの意志による取組み

環境活動の着手は，おそらく，経営者などからの指示でスタートを切るのではないかと思います．

しかし，ここで発想を変えてみましょう．“誰かから言われてやる”から“自分たちとして，ぜひやりたいと思ってやる”への転換です．意気込みと勢いは，全く異なってきます．ぜひとも，環境活動に“惚れ込む”ように努めてください．その気になったときのパワーは，きっとすごいものになります．

(2) もてる力の再結集

環境活動に取り組む際には，現在有している力を再結集していくことになります．組織内には，専門知識をもち経験を積んだ人がいることでしょう．ただし不足分は，勉強して補っていくことになります．

(3) できることから取組みを開始

私たちは，普通に生活して，組織が活動しているだけで，環境に何らかの影響を及ぼしています．

環境への取組みでは，それらを整理すること，データを調べること，そして，何に取り組む必要があるかを考えるところから始まります．そのときに活きてくるのが，再結集した人々の知識と勉強の成果，そして観察力・洞察力です．できること，やる値打ちのあることから，一歩ずつ進めていきましょう．

1.7　環境対応の成功方程式

< PDCA とは >

考えたことを実現させる．この何気ないことを確実にやり遂げるための秘訣，それが“PDCA”です．組織活動の基本に立ち返ってみましょう．

(1)　新たなことへの取組みの基本

“目標を掲げる，達成策を立てる，実行する，確認する，振り返って考えて，次の段階に進む”．私たちが何かに取り組もうとするときに，知らず知らずのうちにやっていること．これが“PDCA”です．

(2)　やり抜く意識とたゆまぬ努力

新たなことを始める際には，成功に向けて緻密に作戦を立てるものです．そして，それを成し遂げるための“絶対にやるぞ”という強い意志と，たゆまぬ努力が，それを支えます．

(3)　日ごろからの状態の掌握

いったん始めても，必ずうまくいくとは限りません．いまどうなっているかと，気になるものです．うまくいっていればヨシ，そうでなければ軌道修正．日ごろからの状態の掌握も大切です．

(4)　謙虚な分析と熱い想いを込めた将来への提言

“さあ終わった．目標を達成して，これで完了だ”

ちょっと待ってください．どうです，途中経過はうまくいきましたか．最初に立てた作戦そのものは，適切でしたか．あらためて振り返ってみて，うまくいった原因は，何でしたか．この積み重ねが，自分たちの財産であり，“PDCA”の真価です．

1.8　マネジメントをシステムとして捉える

<部品だけではクルマは走らない>

頑張れば，成果は出るでしょう．しかし，それに組織全体で取り組み，継続させていくには，各人を納得させるための，仕組みが必要になります．

(1)　各部門の力を持ち寄って

“環境問題が大切だということは，私たちも理解しています．そこで，どの環境問題に取り組むかを，皆で決めました．明日から始めてみます”

“ちょっと待ってください．自分たちの部門だけでやるのですか．この環境問題は，隣の部門も関わっていますよ．またこのデータをもっているのは，別の部門ですね．関係者全員が協力しないと，うまくいってもかなり限定されたものになりますよ”

(2)　組織全体で作り出す推進力

組織は，個人がそれぞれバラバラに存在しているのではなく，個人同士が互いに関連して，有機的に結び付いた集合体として存在しています．

私たちは，普段からさまざまな人たちや部門と協力し合って，仕事をしています．環境でも同じことです．全体協力が，大きな推進力になります．

(3)　指導性と持続性

環境活動でも，役割分担は欠かせません．各人がもつ得意・不得意部分を，役割分担で補います．

また，マネジメント“システム”化すれば，大局的・長期的な目で環境への取組みを捉えたうえで，前項で紹介したPDCAを積極的に進められるので，意欲的に継続して取り組めるようになります．

1.9 ISO 14001 導入のメリット

<環境への取組みのスタートライン>

ISO 14001 導入は，組織全体が動く，大きなチャンス．ISO 14001 のメリットだけでなく，副次的な効果も狙って，組織を大きく変革してみましょう．

(1)　組織として一貫した環境への取組み

地球人として，自然を将来の世代に残す．こんな取組みができるのも，組織として一貫した行動が取れるからです．ISO 14001 は，その核になります．

(2)　対外的な効果

ISO 14001 を本格的に使いこなせば，環境面でのリスクを回避でき，良い印象を，顧客や地域にもたらすことが可能となります．認証を取得すれば，私たちの取組みが適切であることを，第三者的（客観的）に証明してもらえますし，外部に対してアピールできるようになります．

(3)　組織全体のやる気を喚起

マネジメントシステムを用いて，環境活動に取り組めば，組織の動きに一本筋が通ることになります．マネジメント力が，組織のやる気を引き出します．

(4)　プラスアルファへの期待

環境活動を行えば，さまざまな工夫が生まれます．きっかけが環境でも，仕事の仕方の工夫や，商品の新規開発・改良に結び付くことも多いものです．

これらは，あくまでも副次的な効果です．しかし，環境が発端となって皆が一致団結して工夫する，こんな下心も許されるのではないでしょうか．

1.10 ISO 14001 の広まりと貢献

＜組織繁栄なくして環境対策なし＞

自己犠牲の活動を長続きさせるのは，至難の業です．組織の繁栄と結び付ける絵が描けると，それがけん引役になります．これがISO 14001運用の秘訣です．

(1)　ビジネスと環境活動の両立

ビジネスが順調でないと，現実問題として環境に取り組むのは容易ではありません．環境への取組みは，法規制以外は基本的に任意活動です．任意的な環境活動を支えるものはビジネスそのものです．

(2)　組織運営のけん引力

マネジメントの重点の一つに，リーダーシップがあります．組織全体で取り組む環境活動は，組織運営のけん引力なくして進みません．だからこそ，環境“マネジメント”システムなのです．

(3)　アイデアがつぎつぎと湧いてくる

組織全体が“その気”になれば,良いアイデアが,どんどん湧いてくることでしょう．課題を解決するのは，普段からの地道な研究・検討と，それを活かすアイデアです．アイデアが浮かびやすい雰囲気を作り出すのも，マネジメントの一環だと言えます．

(4)　成果の改善とシステムの改善

一つのことを達成したならば，次のステップです．一つの成果をさらに発展させるだけでなく，進め方自体も改善していきたいものです．方法の善し悪しは,やってみて初めてわかります．その経験を,システムの改善に，ぜひ結び付けてください．

第2章
何をテーマとして取り組むか

環境マネジメントシステムは，器です．美味しい食事になるかどうかは，盛り付ける料理にかかっています．環境目標，つまり取り組むテーマ次第で，システムの成否が決まります．

2.1　身のまわりの環境問題を見てみると

<意外と多い，気になること>

結構ありますよね，環境にどの程度役立つかわからないけれど，取り組んだ方がきっとよいだろうと思うこと．いっしょに考えてみましょう．

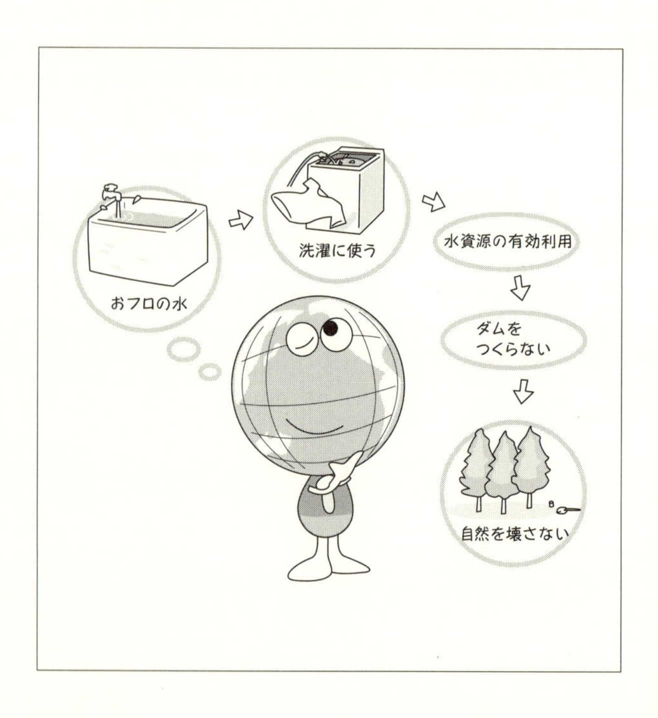

(1)　現場・事務所・客先・移動途中

自分の仕事に関わる場所と言えば，製造の現場，施工の現場，サービスを提供する現場．それから事務所，客先，移動途中．それぞれの場所でまわりを見まわすと，環境の課題となりそうなものがゴロゴロ．

(2)　紙・ゴミ・電気にも価値はある

工夫のない環境テーマの典型のように扱われる“紙・ゴミ・電気”．やはりこれは，基本中の基本．釣りで言えば“フナ”(フナで始まりフナで終わる)．本気で取り組むと，意外に手ごわいテーマです．

(3)　気になることと意義のあること

“雑草を刈ると緑が減る”とか“コピー機で裏紙を使うと紙詰りが増えて本体の修理が増える”など，一方を立てると他方が立たないこともあります．

また，細かいことに目を向けるとかえって大きなことを忘れてしまい，しかも忘れたことの方が環境影響が大きいなどということもあります．

(4)　関わりのあることを体系的に見てみる

環境に関わる種々のことを，体系的に考えてみましょう．この章では，ちょっと常識的ではないテーマも紹介しますが，いずれも本来の趣旨に照らし合わせると，なるほどと思えてくることでしょう．

2.2　本業で勝負！

<法規制順守は当たり前，違いは本業に出る>

環境への影響が大きい事項は，良い影響か悪い影響かは別として，たいていは，本業の周辺にあります．“本業で勝負”は，環境への取組みの基本です．

(1)　枝葉部分だけで勝負する虚しさ

本業とは一切関係ないテーマばかりが並んだら，どう思うでしょう．きっと“環境活動は，普段の仕事とは全く別世界のことだ”と思うでしょう．

しかもそれが，些細なことへの取組みだけだとしたら，なおさらです．虚しい活動になるでしょう．

(2)　本業と環境活動との融合

逆に，取り組むテーマが本業と密接に関係していて，環境活動を続けるうちに，本業に良い効果が望めるならばどうでしょう．きっと“よし頑張ろう”という気になりますね．こんな演出も大切です．

(3)　製品設計・サービス設計への織り込み

製品やサービスに環境効果を組み込めたならば，製造・販売自体が，環境対策そのものになります．その成果の現れとして，“環境ラベル”もあります．

製造方法・販売方法に環境効果を組み込んでも，同じことが望めます．こんな織り込みが大切です．

(4)　ビジネススタイルへの反映

本業に直結する環境活動を長く続けていくうちに，日々の仕事に臨む姿勢がだんだん変わってきます．本当に有効な環境活動は，こんなところから始まります．やはりキーワードは“本業で勝負！”です．

2.3　こんなテーマもある①

＜事務機器販売店の事例＞

事務機器販売店には，環境に甚大な影響を及ぼす活動や事項は，通常はありません．そんな中で，環境に取り組む価値を描くには,発想の転換が必要です．

(1)　内部で節約しても，おのずと限界が

事務機器，オフィス家具と文具を販売しています．危険な薬剤も扱いませんし，有害物質もありません．店内で使用する電気の量は，たかが知れています．梱包材は納品後に持ち帰りますが，実にわずかです．

(2)　環境配慮型製品を売れば，外部の環境向上

省エネルギー機器や有害物質不使用の機器を販売し，100％リサイクル用紙も売っています．

これらが客先で使用されれば，客先側の環境影響が低下します．営業地域全体で，この種の環境配慮型製品が主流になれば，環境に大きく貢献します．

(3)　営業成績は環境指標

環境配慮型製品がよく売れれば，環境貢献です．自店が納めた旧機種からの切り替えはもちろん，他店の製品からの切り替えでも同様に貢献できます．早速，消費電力比較などの営業資料を作りましょう．営業成績が，環境貢献の指標そのものになります．

(4)　ISO 14001 普及も環境貢献

客先にも，ISO 14001 の導入を勧めましょう．まさに，ISO 14001 普及の営業活動です．客先が ISO 14001 を導入して環境影響が良好になったら，その分は，私たちの環境貢献に加算しようかな．

2.4 こんなテーマもある②

<地方自治体の事例>

自治体は，サービス業です．サービスの提供相手は住民や地元企業です．庁舎内の工夫だけでなく，地域社会に役立つ環境活動でありたいものです．

(1)　事業そのものが環境に直接影響

地域の開発･活性化，地域企業育成，観光客勧誘，土木建築，社会福祉，一般廃棄物．数え切れないほど多くの事業を行っています．あらためて考えると，環境に直接的･間接的に結び付くものは多いですね．

(2)　事業内容と地域特質に応じた環境活動

一般廃棄物処理のように，事業自体が環境直結のものもあります．それ以外にも，たとえば道路新設工事では，自然環境への影響の少ない路線・資材・工法・残土処理など，設計時点で配慮しています．

(3)　環境貢献を用いた地域の活性化

観光地という地域の特色を活かして，環境シンポジウム，イベント，キャンペーン，環境協力観光客の認定，環境配慮型ホテル等の表彰などで環境貢献を図り，併せて観光客を誘致する作戦です．また環境法規制情報を提供して，ISO 14001 認証取得を側面支援しています．情報はどのみち庁内でも調べる必要があるので，大した手間ではありません．

(4)　住民参加なくして大成なし

住民の皆さんも熱心です．内部監査への参加も，環境意見交換会での共同レビューも盛況です．また頂戴した意見は，年度目標に反映させています．

2.5　こんなテーマもある③

＜運送会社の事例＞

国内物流の中心を担うトラック輸送．しかし“大気汚染の元凶”のように言われることも少なくありません．それだけに環境活動の有効性が気になります．

(1)　環境影響の大きさは走行距離に比例するか

世間では“トラックは走れば走るほど排気ガスを撒き散らす”と思われているようです．最短ルートで配達するのは基本ですが，渋滞路を避けるなどの運転技術で，環境への影響は驚くほど減少します．

(2)　燃費管理だけじゃない

燃費向上は，永遠のテーマ．しかし，運転手の能力向上も，重要なテーマなのです．運転技術の習得，積荷に関する知識，客先での振る舞いなど，燃費以外にも着目するポイントは，たくさんあります．これらも，環境への取組みとして盛り込んでいます．

(3)　環境マネジメントシステムは安全輸送システム

もし，輸送中のタンクローリーが横転事故を起こして，しかも積荷が流出してしまったら…．環境に与える影響は甚大なものになるでしょう．私たちにとって，安全輸送を徹底することも，環境への取組みの大きな柱なのです．

(4)　私たちの振る舞いが，客先の振る舞い

トラックに客先の社名を掲げて走ることが，よくあります．世間の目には，私たちの振る舞いが客先の振る舞いとして映ることでしょう．客先の前だけでなく，普段から襟を正すよう心がけています．

2.6　テーマと達成策の設定

<取り組む値打ちを測る>

環境への取組み．そのテーマは，取り組むだけの価値があることを確認したいもの．環境への影響，原因特定，課題，対応策それぞれの価値を測ります．

(1)　環境への影響度合とその原因

環境に対する悪影響は減らしたいし，良い影響は増やしたい．どんな影響がどの程度出ていて，その原因は何なのか．まず,これらを整理・掌握します．

悪影響の多くは,リスクとも関連します．影響度,発生頻度，継続度などの要素をもとにリスク計算して,課題を特定する方法が,よく用いられています．

(2)　能動的な拾い出しでも答えに大差なし

どの課題を対象とするかは最初から想定済み，というのが一般的です．結局，評価基準も，それらが選ばれるように設けているようなものです．ならば，最初から能動的に“対応が必要な課題”を拾い上げても，大勢に影響はないでしょう．

(3)　取組みテーマの設定と達成策

課題対象となる環境影響とその原因とを特定したら，具体的な活動テーマを決めます．また，その課題を達成するための方策も，併せて検討します．

(4)　テーマの価値を見いだす

こうして設定したテーマと達成策とが，本当に意義のあるものかどうか，あらためて検討します．

組織のビジネス戦略との調和，長期的展望，従業員の意気込みなども，必要に応じて加味します．

2.7 環境課題――有害な影響と有益な影響

<両者のバランスが大切>

環境に対する影響には，悪い影響もあれば好ましい影響もあります．偏った対応では，内容の充実にはなかなか至りません．何事もバランスが大切です．

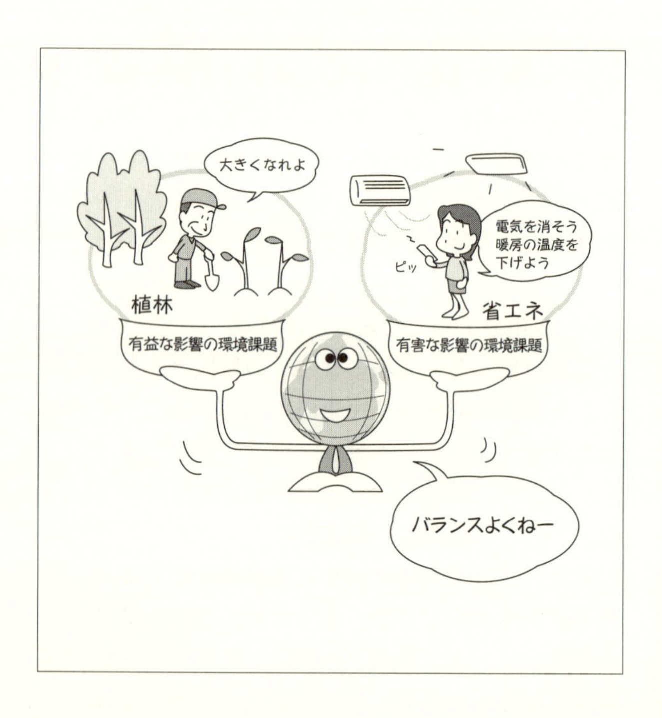

(1)　有害な影響の環境課題とは

環境に対する悪影響の防止や低減のことです．法規制や地域との協定を適用するケースも多くあります．短期的な影響だけでなく，長期的で広範な影響の考慮が必要となることもあります．

廃棄物処理などでは，自組織の敷地外における処理の確実性について対応が必要なこともあります．

(2)　有益な影響の環境課題とは

環境に対して好ましい方向に進む影響の開始や強化のことで“環境貢献”という意味合いをもちます．“攻め”の要素が強く，業務改革による環境改善や組織外の悪影響低減の助力などは，この範疇（はんちゅう）に入ります．

好ましい影響の裏に悪影響が潜むことがあります．評価時には，十分考慮することが大切です．

(3)　両者のバランス

有害な影響の課題だけをテーマとすると，技術の限界以降は，工夫の余地がなくなってしまうことがあります．たしかに有害な影響の課題を解消・緩和するのは基本ですが，有益な影響の課題も加えて，積極的に攻めに転じるのも一法です．

そもそも，有害も有益も，ともに環境への大切な取組みです．どちらか一方だけに偏ることなく，意義のあることに取り組んでいきましょう．

2.8　各テーマに取り組む意味を知る

<なるほどそういうことか>

何の理由もなくテーマを決めることはありません．何をやるかは伝わってきますが，テーマを選んだ理由は，ぜひとも知っておきたいところです．

(1)　理由がわかれば納得できる

人は，何かをやる理由がわからないと，“やらされている”と感じてしまいがちです．逆に，理由がわかれば“なるほど，これはやらなければならないな”と思って，積極的にやろうと努めます．

(2)　決めた本人でも理由は忘れやすい

しかし，こうした“理由”（期待する効果など）は，その理由を決めた本人でさえも，いつの間にかわからなくなってしまうことが，よくあります．

(3)　理由は積極的に聞こう

環境への取組みが本質を外したものに陥らないようにするために，そして環境への取組みがマンネリ化しないようにするためにも，“テーマを選んだ理由”は，積極的に尋ねたり調べたりして，理解するように努めましょう．

(4)　理由がわからないと変えられない

いったん設定したテーマ，達成策，ルールを変更しようとしたときに，理由や狙いがわからないと，果たしてこれを変えてよいものかどうかが，判断できなくなることがあります．

そのためにも，物事を決めた理由は，何らかの形で，目に見えるようにしておくとよいですね．

2.9　決めた根拠の伝え方

<なぜ私はこれに取り組むのだろう>

ISO 14001 に取り組み始めた頃は，推進役が言ったことはすぐ伝わったのに，いまはうまくいかないな….どうすれば伝えられるのかを考えましょう.

(1)　同志的なつながりから日常的なつながりへ

“ISO 14001の導入初期，特に最初に認証を受けた頃は，皆の気持ちが一つになっていて打てば響く状態だったのに”と，懐古しても仕方ありません．

ISO 14001システムが定着すればするほど，普段の活動の中に融け込んでいきます．

(2)　発信元が理解していないと真意が伝わらない

そんな中，いろいろなことを伝えていくためには，発信元の本人が，伝える内容の真意をしっかり理解していないと困ります．最初に認証を受けた頃は，勢いで進みますが，それ以降は工夫が不可欠です．

(3)　“言う”と“伝える”とは違う

“ちゃんと言ったよ”“えっ，そんなこと聞いていないよ”．普段の生活でもよく耳にします．

伝わらなければ，言ったことになりません．最近では，電子メールでの伝達に，この症状がよく出ますよね．

(4)　聞いた本人も忘れてしまう

真剣に聞いたつもりでも，すぐに忘れるものです．忘れても構わない内容ならば，別段気にしませんが，忘れてならないことだったらどうしますか．手のひらに，油性ペンで書いておきますか．

2.10　テーマ設定プロセスの評価

＜戦略の設定方法は大丈夫か＞

ISO 14001 の運用で大切なことは，テーマの選び方．テーマを決める“プロセス”そのものを，評価してみましょう．

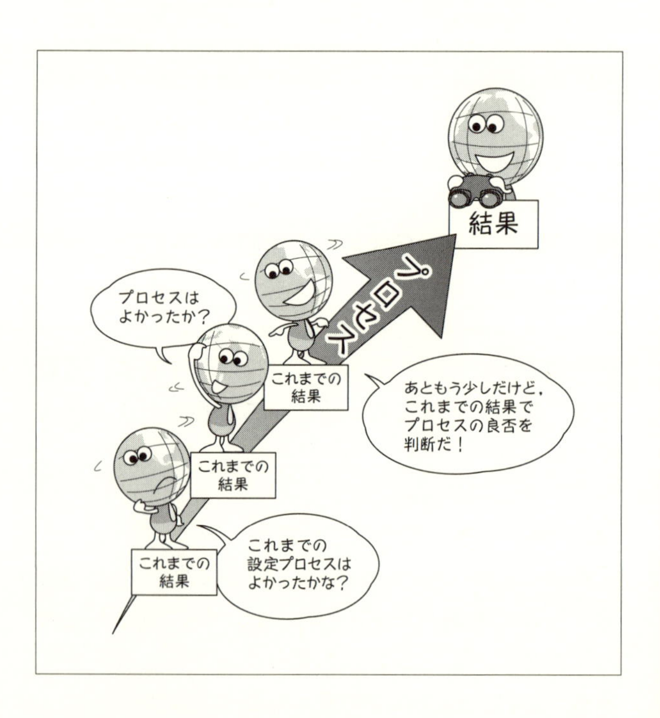

(1)　結果管理ではなくプロセス管理

ISO 14001は“マネジメントシステム”です．一つボタンを掛け違えると全体に影響します．そうならないためには，環境活動を結果判断によって管理するのではなく，途中の道筋，つまり“プロセス”による管理を実施することが大切です．

(2)　設定プロセスはテーマ内容と成果に影響する

テーマを決めて取り組むとき，達成方策も併せて設定する．環境への取組みを“意義があり実効性をもつもの”にできるか否かは，テーマ内容と方策とを設定する段階で決まります．ここがポイントです．

(3)　テーマと方策の決定

テーマと方策の決定には，日々の着眼とデータとアイデアが必要です．普段から，何が存在し何が起きているかを知り，関連データを取っておき，アイデアを練ってストーリーを固める．決定時は“誰が”も大切ですが，事実と頭脳の働きも重要です．

(4)　結果から“設定プロセス”の良否を見る

いったんスタートさせた後，時期を見て，前提条件や経過の想定が正しかったか，意義のあるテーマ内容であったかを確かめましょう．思わぬ誤算もあり得ます．そんなときには迷わず軌道修正しましょう．

第3章
ISO 14001 規格のエッセンス

ISO 14001 規格の性格・目的と各箇条の要求事項の要点をご紹介します．説明内容はエッセンスに絞りましたので，基本線を押さえるようにしてください．

‘ ’の中の数字は ISO 14001 の箇条番号を示します．

3.1　ISO 14001 規格の表題と章立て

＜この規格には何が書いてあるか＞

規格も一種の書籍であり，その顔は題名に表れます．本章では，規格本文の各章の構成を通して，この規格のもつ性質と特色を読み取ってください．

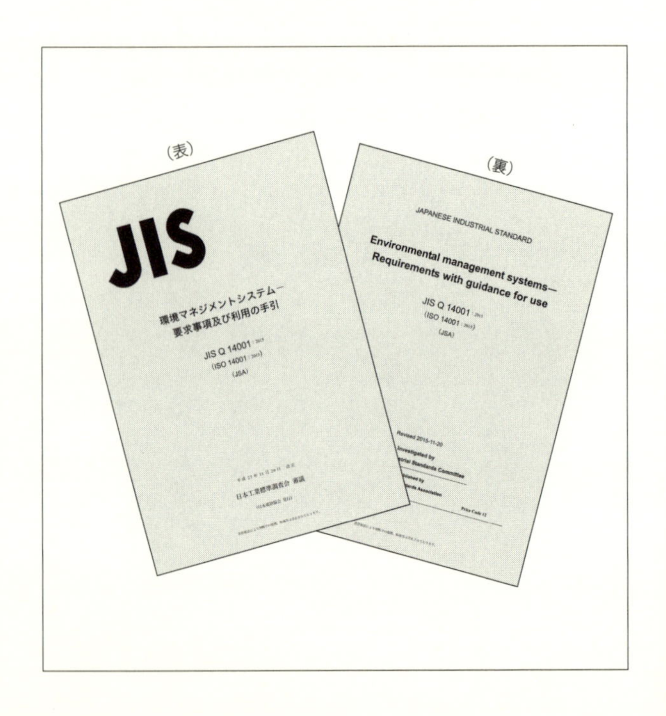

(1)　ISO 14001 は環境マネジメントシステムの規格

ISO 14001 の表題は“環境マネジメントシステム—要求事項及び利用の手引”です．環境に対する取組みを，マネジメント面を中心とするシステムとして捉えていることが，読み取れます．

(2)　“要求事項”と“手引”を掲載

ISO 14001 の本体は要求事項です．認証や自己宣言では，この部分を判定に用います．

附属書 A は利用の手引です．要求事項を誤って解釈しないよう，方向性を示すもので，規格制定の根拠となった基本原理や捉え方を理解できます．

(3)　ISO 14001 規格制定の背景と狙い [‘0.1, 0.2’]

持続可能性の“環境の柱”への寄与を目指し，環境・社会・経済のバランスを実現するために，環境マネジメントの体系的な取組みを採用しています．

(4)　認証と自己宣言 [‘0.5’]

環境マネジメントシステムの適合の評価方法として, 認証, 第二者監査, 自己宣言を紹介しています．

ただし ISO 14001 は，あくまでも枠組みだけです．ISO 14001 に基づく環境マネジメントシステムを，単に導入するだけでは不十分で，魂を入れる主役は，組織自身だと言えます．

3.2 ‘1 適用範囲’ ‘3 用語及び定義’ ほか

＜要求事項を読み始める前に＞

ISO 14001 規格の要求事項を読む前に，その前提となる各種事項も理解しておきましょう．ここでの基礎知識が，要求事項の理解に役立ちます．

(1)　適用範囲［'1'］

適用範囲では，“意図した成果”として，①環境パフォーマンスを向上させ，②順守義務を満たし，③環境目標を達成させることを含むとしています．

また，①組織が管理でき，しかも影響を及ぼすことができる環境側面に適用する，②特定の環境パフォーマンス基準を規定しない，としています．

興味深いことに，環境マネジメントを改善するために，ISO 14001 の全体を用いるだけでなく，部分的に用いることも認めています．もちろん，全体を用いなければ認証や自己宣言は不可ですが．

(2)　引用規格［'2'］

ISO 14001 にはことさら引用規格はありません．用語の定義も，この規格の中に含めてあります．

(3)　用語及び定義［'3'］

ISO 14001 では，33 種の用語を定義しています．

“環境側面”は何のことか，“汚染の予防”では何を想定しているかなど，意味の理解は大切です．

私たちは，規格の記載内容を，いつの間にか，自分が普段使う意味で捉えがちです．しかし規格では，明確な定義のもと，その語句に特定の意味をもたせることがあります．定義を理解することは，意外に重要です．

3.3 ‘4 組織の状況’

<環境への取組みの前提条件>

企業は単独で存在しているのでなく，外部との関連の中でビジネスを行います．内部の状況も知る必要があります．これらが環境活動の前提です．

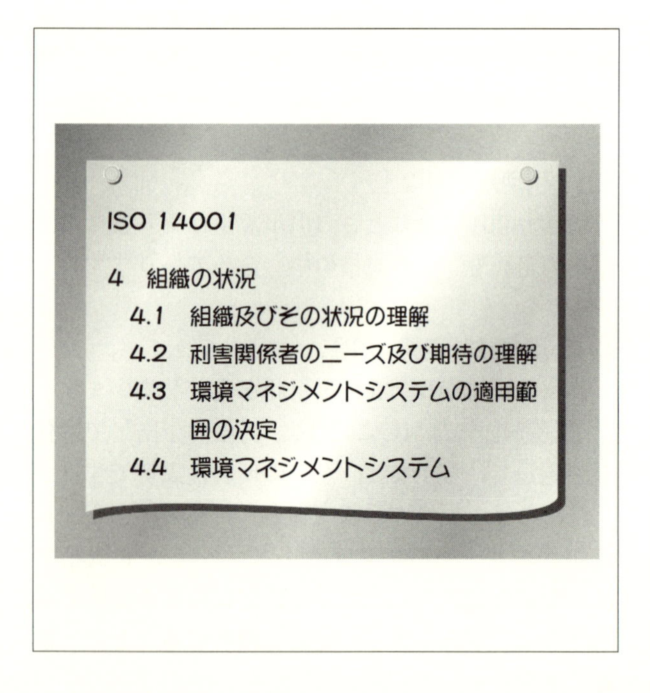

(1)　組織及びその状況の理解［'4.1'］

組織の内外には，環境上の成果を上げるうえで，組織に影響し，組織が影響を及ぼす可能性のある課題がいくつもあります．設備の老朽化，技術面の不足，地球温暖化，天然資源の入手困難など，内外の課題を知ることは，環境活動の出発点です．

(2)　利害関係者のニーズ及び期待の理解［'4.2'］

私たちの周囲には，顧客，購買先，行政，業界，地域住民など，多様な利害関係者がいます．誰の声を聞く必要があるか，何を語り，思っているかを知ることも，環境活動のもう一つの出発点です．

(3)　環境マネジメントシステムの適用範囲の決定［'4.3'］

環境マネジメントシステムは，法規制などの順守義務を含めて，(1)の課題に取り組み，意図する成果を達成するためのものです．組織単位の範囲，活動や製品，サービスの範囲は，これらから導き出して決めることになります．

(4)　環境マネジメントシステム［'4.4'］

ISO 14001 は，第 1 章で紹介した“PDCA”が，要求事項の章立ての骨子となっています．それをもとに，組織として適切なシステムとします．

3.4 ‘5 リーダーシップ’

<経営者が組織をけん引する>

環境への取組みは，組織ごとに大きく異なります．けん引役は経営者．環境への想いをストレートに示し，各人の思考と行動の原点となりましょう．

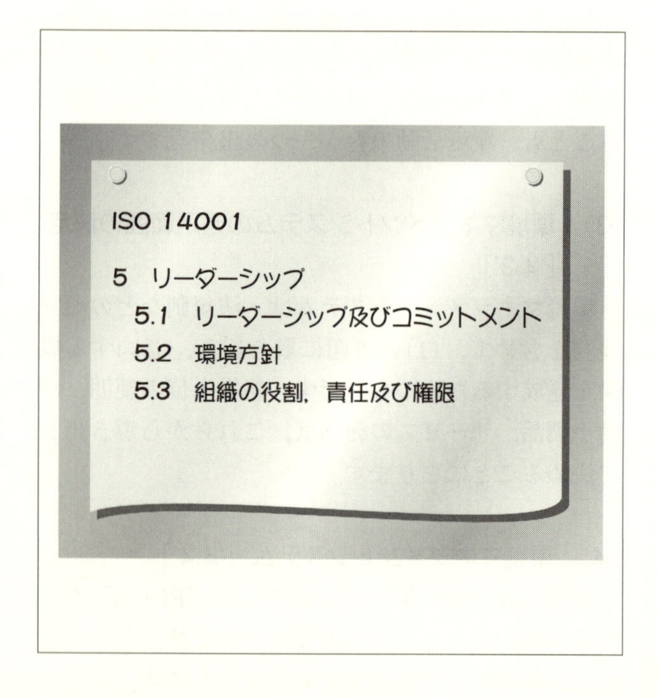

(1)　リーダーシップ及びコミットメント［'5.1'］

経営者は環境活動の総括責任者．取組みを成し遂げるには，経営者が決意を熱く語り，リードすることが重要です．企業戦略と両立すること，ビジネス関連活動に調和させ，組み入れることが，環境活動を続けるために必要です．

従業員全員が一丸となることも重要です．環境に“なぜ”取り組むか，“何を狙う”のかを個々の従業員が理解し，これが日々の業務の規範となるように浸透・徹底させるための策も，併せて描きます．また，管理層が部門を率いるには，組織としての後ろ盾を築くことも大切です．

(2)　環境方針［'5.2'］

環境方針は，環境への取組みのポリシー．方向性・考え方・姿勢・原則を組織の内外に示します．

汚染を防ぎ，環境を保護し，法規制などを順守し，工夫を続ける．こうした基本事項も，スローガンだけでは人は動きません．趣旨や意図を誤ることなくイメージできるよう，言葉に魂を込めます．

(3)　組織の役割，責任及び権限［'5.3'］

マネジメントの原動力は“人”にあります．各人の役割を指定し，それに見合う権限を付与することが，円滑な運営管理に結び付きます．

3.5 ‘6 計画’ ①

<何に取り組む必要があり，どう取り組むか>

環境活動のエッセンスは，‘6.1’ に集約されています．何が環境に影響するか，その原因を決定し，どのように発生を防ぐか，緩和するかを指定します．

(1)　リスク及び機会への取組み～一般［'6.1.1'］

意図した成果を得て，有害な影響の発生を防ぐか減らし，継続的改善を成し遂げます．達成を阻害する要因を想定・対応するとともに，好機が到来したならば果敢に攻めます．

(2)　環境側面［'6.1.2'］

活動や製造・サービス提供を行うと，環境にどんな悪影響や良い効果を与えることがあるか，発生原因は何か，影響や効果はどの程度かを整理して，何に優先的に取り組むかを見極めて，これ以降に結び付く"入り口"を決めていきます．

(3)　順守義務［'6.1.3'］

もちろん法律は守らなければなりません．また，地域との約束や親会社との取決めも，守る必要があります．もっともこれらは，ISO 14001 を導入するか否かというよりも，当たり前の話です．

(4)　取組みの計画策定［'6.1.4'］

優先的に対処する環境側面（環境影響の原因），順守義務，リスクと機会への対応に，どのように取り組むかを定めます．導入可能な技術的な事項を取り入れます．また，財務面・運用面・事業面の要求事項との兼ね合いも避けて通れません．

3.6 ‘6 計画’ ②

＜達成するための作戦を立てる＞

環境上のテーマを掲げ，取り組みます．物事の成否は，成功するための“ストーリー”をうまく描けるかどうかに左右されます．

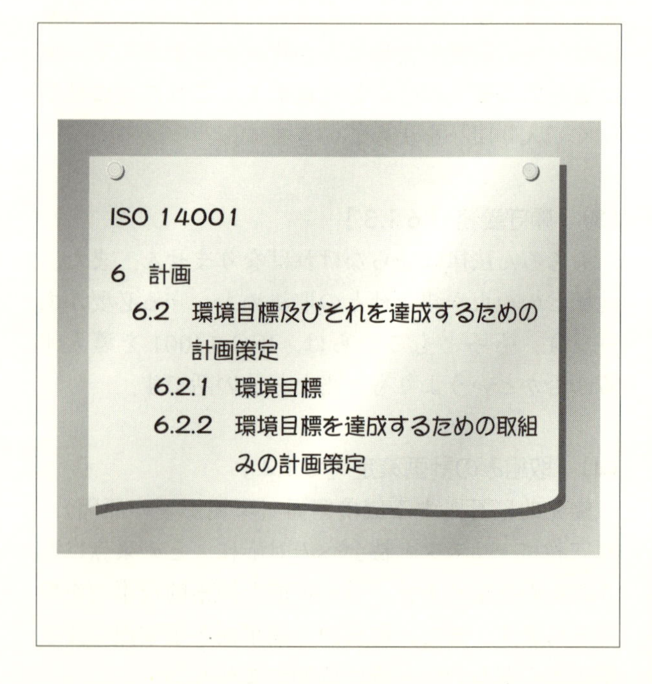

(1)　“リスク及び機会への取組み” の総括［‘6.1’］

‘6.1’は，①リスクと機会の概説，②組織が優先的に取り組む環境上の課題の決定，③順守義務をどのように適用するかの決定，④各種事項への取組み内容の決定という流れでした．これ以降は，内容に応じて‘6.2, 8.1, 8.2’のいずれかに続けます．

(2)　環境目標［‘6.2.1’］

(1)での決定をもとに，どの環境上のテーマに取り組むかを決め，さらに具体的な進め方（到達点と経過点）を設定します．

環境活動は，日常管理の範囲内で取り組むのが一般的ですが，意欲的に“頑張ろう”と強調するテーマで“環境目標”に掲げるのが効果的です．特に，大きなテーマやビジネスに直結するテーマを設定することは，経営戦略そのものとも言え，熟考を求められる場面と言えます．

(3)　環境目標を達成するための取組みの計画策定［‘6.2.2’］

どうすれば環境目標を達成できるか，その内容，方法，必要な資源，実施者，期限，評価方法などの工程を設定します．製品やサービスの開発時や設備の導入時など変化点では，達成計画の変更が必要かを，忘れずにチェックします．

3.7 ‘7 支援’

＜遂行できるようにするための背景固め＞

マネジメントは，各人が組織的に動くことが前提です．どんなに優れた内容のシステムでも，その屋台骨は“人”が支えています．

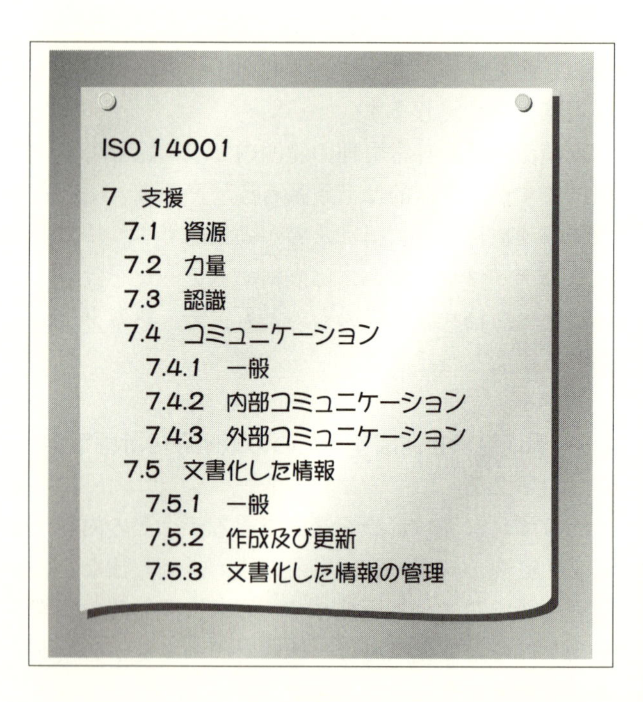

ISO 14001

7　支援
7.1　資源
7.2　力量
7.3　認識
7.4　コミュニケーション
7.4.1　一般
7.4.2　内部コミュニケーション
7.4.3　外部コミュニケーション
7.5　文書化した情報
7.5.1　一般
7.5.2　作成及び更新
7.5.3　文書化した情報の管理

(1)　資源［'7.1'］

環境活動に必要な資源を '6' などで特定します．人材，技術，設備，ソフトウェア，計測器，組織の知識，資金などを確保し，維持します．

(2)　力量と認識［'7.2 & 7.3'］

環境上の成果に影響する業務には，必要な知識や技能を確実に有している人をあてます．すでに必要水準に達していることが確認できれば，ことさら新たな教育訓練を施さなくても構いません．

さらに，環境への取組みが，自分たちにとって，そして取り巻く関係者にとって，いかに大切かを知って行動し，成果を上げることも，重要です．

(3)　コミュニケーション［'7.4'］

情報を内部に提供することは，従業員が明確な意識をもつのに役立ち，工夫を始めようという気持ちに結び付きます．そして外部との情報交換も，協調関係の確立と維持に不可欠です．

(4)　文書化した情報［'7.5'］

実行することを示し，その結果を残すには，文書や記録が有効です．紙，電子媒体，写真，動画も，文書化した情報で，見やすく，探しやすく，使いやすい形態とすることが，ここでのポイントです．

3.8 ‘8 運用’

<やるべきことを指定して遂行>

決める，伝える，常にわかるようにする，実際に行う，緊急時に対応できるようにする．これらがうまく噛み合うと確実な遂行という実を結びます．

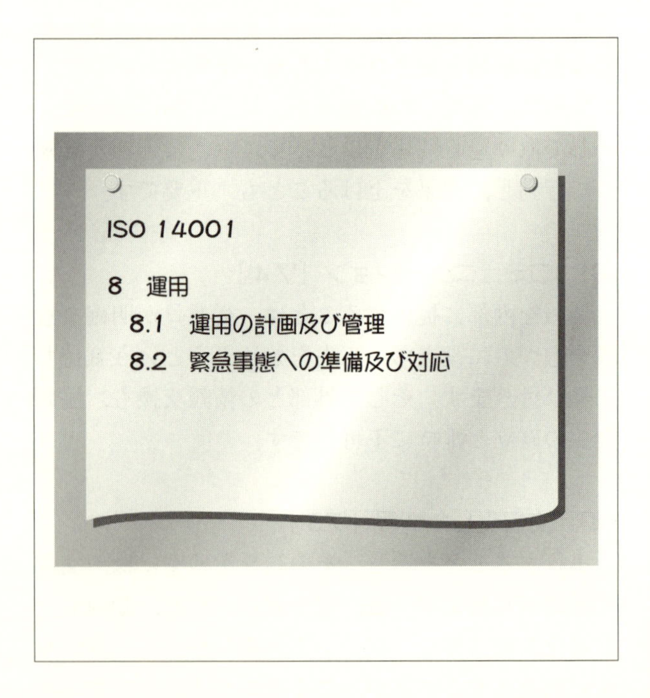

(1)　運用の計画及び管理［'8.1'］

'6.1.4' で取組みの内容を決め，'6.2.2' で環境目標の達成策も決めました．これらを普段の活動に取り入れるために，またそれ以外の応用的事項についても，運用方法や活動内容を決めて実行します．

活動の一部を外部委託している場合には，必ず相手先に実行してもらう手立ても必要でしょう．原材料，装置，技術などの仕入先のほか，親会社，業界，行政，地域の協力が必要かもしれません．組織の内外いずれであっても，やることを確実に伝えて，実行に移してもらう方策を考えることが大切です．

企画・開発し，原料を仕入れ，生産し，配送し，使用し，最後は処分する．製品やサービスが目の前にある間だけでなく，その前後を含めたライフサイクル全体を見通して取り組むことが重要です．

(2)　緊急事態への準備及び対応［'8.2'］

物事は，すべてが順調にいくとは限りません．順調にいかなかった場合の影響の方が大きいということは，しばしば生じます．

想定できることは，あらかじめ決めておきます．本番では決めたとおりにできないことも多いので，実行できるという確信をもてるようにします．

3.9 ‘9 パフォーマンス評価’

<私たちのいまの姿を知る>

成果が出ているか，法規制を守れているか確認し，システムが適切で有効かをチェックします．必要な情報を経営者に集めて評価・検討・指示します．

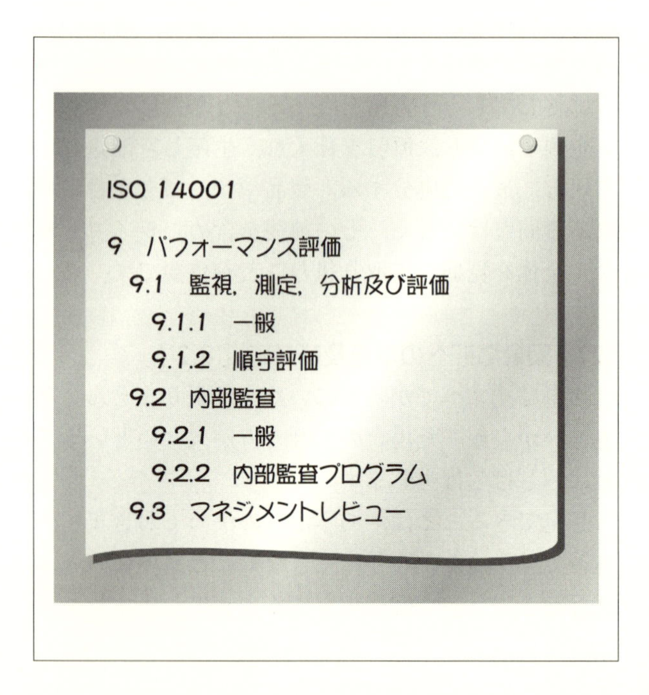

(1)　監視, 測定, 分析及び評価～一般[‘9.1 & 9.1.1’]

いま, どうなっているか, どうなってきているかをチェックします. とはいえ私たちは, 何についての“いま”を知りたいのでしょうか. 廃棄物や排出物などの現状ですか, 目標の達成状況ですか, 決め事の有効性ですか. 計画的に実施するために, 何をいつ, どのように確認するかを決めて評価します.

(2)　順守評価 [‘9.1.2’]

法規制や地域との協定などの順守義務を果たしていることを評価し, 必要時には対処します. 評価で得た知見は, 組織が今後運営管理する際の財産です. これらの蓄積が新たな道を切り開きます.

(3)　内部監査 [‘9.2’]

環境マネジメントシステムは, いわば生き物です. うまくいっているか, 妙な方向に野放し状態で変化していないか, いまも価値を持ち続けているかを, 筋道立てて確認していきます.

(4)　マネジメントレビュー [‘9.3’]

環境活動の状況を大局的に確認し, 決めた内容の値踏みや, 今後に向けた方向性を提示します. マネジメントレビューは, 最高の意思決定の場面. 決議内容をもとに, 打つべき手立てを講じます.

3.10 ‘10 改善’

<襟を正し，将来に向けて改善する>

問題が生じたら，それを直し，また起こさないようにします．環境活動を通じて，意図した成果を出せるよう，さまざまな改善を重ねます．

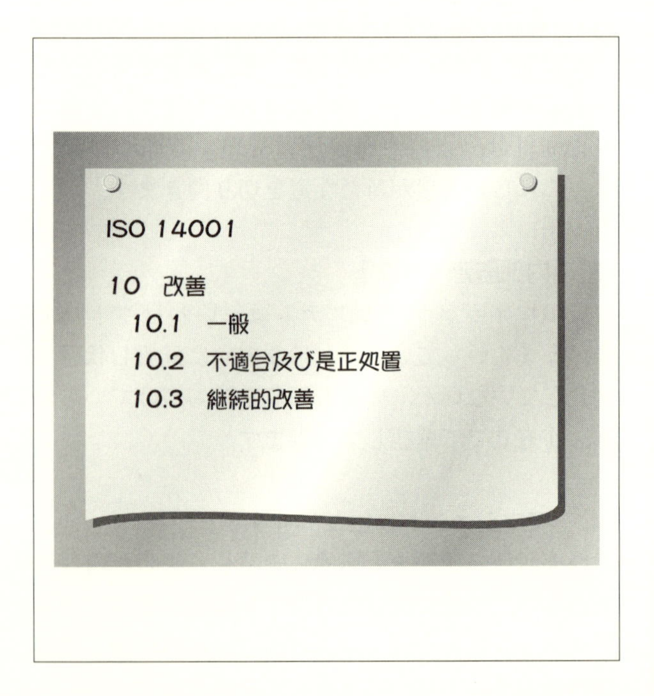

(1)　改善〜一般［'10.1'］

成果が出るよう，環境マネジメントシステムを改善します．改善には，是正処置，継続的改善，現状打破による変革，革新（イノベーション），組織再編などがあることを，規格の手引で紹介しています．

(2)　不適合［'10.2' 前半］

問題が生じたら，問題解消や環境影響の緩和など，必要な処置をとります．問題発生を関係者に連絡し，“オモテ化”することが，諸手続きや再発防止の要否検討に結び付けるための第一歩です．

(3)　是正処置［'10.2' 後半］

必要時には再発防止を図ります．どんな問題か，なぜ問題が生じたか，類似の問題が生じているか，生じる可能性があるか評価し，原因を解消する策をとります．再発防止策は，影響度に見合った，技術面で適切なものとします．また人間心理にうまく合って，続けられることも重要です．

(4)　継続的改善［'10.3'］

環境活動のために組織を動かす環境マネジメントシステム．今日は昨日よりも，明日は今日よりも良いものでありたい．システムを成長させ，さらに良い成果を出せるよう，私たちは努力を続けます．

第 4 章
組織としての取組み
(運用管理の秘訣)

ISO 14001 は，環境の“マネジメント”システム．うまく使えば組織は元気になるが，うまくいかないと弊害が起こることもあり得ます．ここでは，組織としての取組みを考えていきます．

4.1 経営者の強い意志

<任意規格としての ISO 14001 >

品質を確保しないと，お客様に買ってもらえない．
環境を確保しなくても，お客様に買ってもらえない訳ではない．この違いを常に意識します．

(1)　私たちの組織にとって，環境活動の意味とは

品質と環境．マネジメントシステムの筆頭格二つを比べると，環境の方がはるかに高い任意性をもっています．

必要性（ニーズ）を打ち出すのは，品質の場合は顧客が主体ですが，環境の場合は，めぐりめぐって“私たちの子孫”が主体ということになります．まだ産まれていない子孫は，私たちに“いまのうちに環境問題に手を打っておいてほしい”などと言ってこないだけに，代わりに考えるしかありません．

(2)　値打ちを量るのは経営者

とはいえ，ビジネスのことで精一杯のところに，環境環境と言われても，簡単には踏み出せません．環境問題に取り組むかどうかは，経営者の確固たる意志一つです．環境への取組みは，任意性が高いので，経営者の意志が薄らぐと，すぐ従業員に伝わります．そうなると，崩れるのは造作もありません．

顧客からの要請，近隣住民からの要望，行政からの指導，従業員からの提案，同業者の動きへの追随，経営者の規格意図への賛同など，きっかけはともかく，せっかくスタートを切った環境への取組みが，真に値打ちのある活動となるか否か，最後は経営者の判断一つ．経営者の皆さん，ぜひとも価値を見いだして，ファンになってください．

4.2　マネジメントシステムの視点

<経営者にとってのマネジメントシステム>

マネジメントシステムは，経営者が組織を動かすためのツール．組織とトップがもつ“日常パワー”を充実させて，大きな力を発揮しましょう．

(1)　最も重要なことは経営者が決める

環境マネジメントシステム導入の目的，環境に関する組織のポリシー(環境方針)，組織の形態・人事，重要顧客との折衝や取決め，予算など．主要事項の大半は，ISO 14001 でも経営者が決定します．

(2)　経営者の目線で捉える

環境マネジメントシステムの構築を，特定の人に委ねることがあります．しかしマネジメントの経験や素養がないと，個別局面中心に構築することが多く，マネジメントシステム構築のつもりが，いつの間にか“担当者の目線”になってしまったりします．

(3)　経営者から見た重要事項

環境問題に取り組むことで顧客・業界・地域に自組織の価値が認められ，ビジネスに好影響をもたらし，従業員のやる気と家族の幸せに結び付くなど，もっている重要事項は，経営者ごとに異なります．

(4)　使いこなす

環境マネジメントシステムは，もともと環境問題への取組みのために設けたものでしたが，いろいろと応用可能です．工夫成果発表会で好成績を収めれば仕事への意欲が高まるし，従業員同士の意見交換が活発になれば新たな仕事のアイデアも生まれます．

4.3 経営者からの“説明”の効用

＜何のために ISO 14001 に取り組むか＞

“ISO 14001 を始めるみたい．また苦労させられるのだろうか．何か意図があるのだろうか”．従業員は，経営者の言動に耳を傾けているものです．

(1)　“なるほど”と思わせる

経営者がISO 14001を導入しようと考えるには，何らかの意図があるはずです．従業員全員に“なるほど”と思わせる．スタート段階で大切なことです．

(2)　経営者の意気込みは必ず伝わる

何も環境のことだからといって，経営者が特別なことをする必要はなく，通常と変わらぬ意気込みで“社長,本気だぞ”と思ってもらうことが重要です．

(3)　ときどき目先を変える

始めてしばらくすると慣れが生じるのは，何についても言えることです．ちょっとした一言だけで，状況を大きく変えられることがあります．

営業面から考えさせると，結果的に環境に好影響が出たり，環境のことを考えさせて品質向上を図ったり．マネジメントシステムは，自由自在です．

(4)　何のためにISO 14001をやめるか

“やめる”ことは,“始める”以上にやっかいです．

やめた後に苦味が残らず，リバウンドが出ない．これまで頑張ってきた人が，なるほどと思えるような配慮が必要です．“ISO 14001の取組みが自然消滅的に終了”は，最悪のストーリーです．

4.4　取組みテーマをビジネスに結び付ける

<ビジネスにつながればやる気も百倍>

“環境で儲けてください”という訳ではないですが，ビジネスへの好影響を描いておかないと，環境への取組みの推進力が，次第に低下していきます．

(1)　顧客ニーズへの対応

環境への対応を依頼する顧客が，最近増えてきました．それを取引の条件としているような場合，ビジネスのネットワークに残る必須条件となります．

(2)　環境に配慮した製品の開発

環境配慮型製品の開発は，抜本的な対策の一つです．製品設計に環境配慮を活かした場合，環境に対する影響の範囲は，自組織内にとどまらず，製品のユーザーにまで広がります．環境配慮を求めるユーザーに結び付けば，新たな需要の喚起となります．

(3)　環境でビジネスを制する

環境に配慮した製品開発，製造技術，材料開発．他社がまだ手を付けていない分野や，独創性の高い内容であれば，それは一つの武器となり得ます．

環境に対する新技術を求める潜在顧客は，増えています．商売の道は，そういった顧客が切り開いてくれます．その極端な例として，本業とは異なる分野へ参入する，というケースがあります．

(4)　環境を武器にした営業展開

環境配慮型製品を売りまくる．顧客側の環境成果を上げることは，環境に対する好影響の拡大です．営業成績の向上は，営業マンのやる気を喚起します．

4.5　推進チームの選定

<メンバー次第で大きな違いが>

環境マネジメントシステムの構築・運用・維持・改善．すべてを経営者一人でこなせる訳ではありません．誰に推進チームを任せるかは，結構重要です．

(1)　人知を集約する

ある特定の人だけで環境マネジメントシステムを構築したとします．強い意志をもち，一貫性がある編成となって，一見よさそうですが，ある一面しか見ていないという状態に陥ることも多いものです．

組織全体に人望の厚い人を中心に据え，積極的に意見交換できる雰囲気を演出することが大切です．

(2)　仲間を多く確保する（忙しい人にこそ）

仲間が多ければ，多様な見方が期待できます．また，“自分も関わったから”となれば，愛着も湧いてきます．

忙しい人には，ぜひ，仲間に入ってもらいましょう．忙しい人は，限られた時間を有効活用するために，ズバリ核心を突きますし，効果的な方法をよく知っていて，しかもアイデアが豊富です．

(3)　部門責任者を巻き込む

日々の運用の主体はそれぞれの部門であり，部門責任者を外すことはできません．もっとも部門の推進役には，伸び盛りの人をあて，部門責任者は後見役に徹するのも一法です．

さらに，部門責任者には，制定したルールの内容を熟知してもらうため，部門内での説明役を引き受けてもらいましょう．

4.6　意気込みの推移

<意気込みを持続させるのは並大抵でない>

新しいことを始めるとき，最初はたいてい熱心です．しかし，時間の経過とともに熱が冷めるのが，世の常．この状態からどうやって脱却しましょうか．

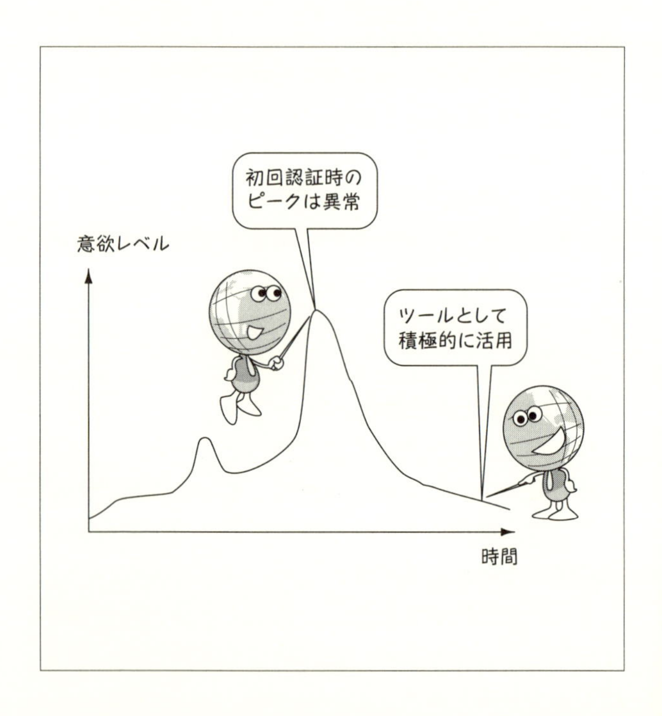

(1)　キックオフ

“さあ，いよいよ環境マネジメントシステムの構築を始めます”と，掛け声も勇ましくキックオフ．しかし，このときの意気込みは，しばらくすると，いつの間にか低下し始めます．

(2)　初の審査前後のピークは異常事態

とはいえ審査が近づくと，さすがに気持ちは引き締まってきます．その一方，審査合格を優先させるために本筋と違う方向に進む人が続出するなど，この時期は異常事態が発生しやすいので要注意です．

(3)　ツールとして積極的に活用（平常心）

“マネジメントシステムの基礎が固まるのは，初の審査を終えてから”という事例は多くあります．本格的なことは認証取得後にようやく始まります．

環境マネジメントシステムは，あくまでもツールです．うまく活用して成果を出すのは，平常心での運用ができる状態になってからです．

(4)　全組織の機運を上げる

“熱しやすく冷めやすい”タイプの組織では，ここからが大変．機運を上げるための工夫が大切です．運用管理の最大のポイントは，ここでの雰囲気づくりです．プロモーションの腕の見せ所ですね．

4.7 内部監査の極意

<“聴く” の達人>

監査の語源は，ギリシャ語の“聴く”だそうです．内部監査員は聴き役．監査対象者が話したくなる，話しているうちに気づく．これが極意のようです．

(1)　情熱をもつ

内部監査員に一番ほしいものは，テクニックではなく，組織に対する愛情です．その気持ちがいつの間にか発露して，監査対象者にも必ず通じます．

(2)　相手の立場に立つ

“内部監査は吊るし上げの場”ではありません．監査対象者も人の子，追い詰めるような聴き方をされれば，自分に不利なことは言いません．

内部監査は，監査対象者といっしょに考える場．相手の立場に立って，組織と相手方の部門の将来をよくしようという気持ちが，一番大切です．

(3)　さまざまなことを理解して考える

仕事の流れを押さえる．物事の本質を見極める．マネジメントシステム監査の際に大切な姿勢です．

また“聴く”と“聞き流す”とは，異なります．監査では，理解して考えるべきことが多いものです．

(4)　自分の意見をもつ

監査中に“自分だったらこうするな”と思う場面も多いでしょう．この気持ちは大切です．現在の方法を取る理由を尋ねましょう．理に適っていればOK．そうでなければ，いっしょに話し合ってみましょう．そして相手の良いところには，心からの絶賛を．

4.8　未然に手を打つ

<問題発生の予見＝未然防止>

問題が生じてからでは遅い．問題発生を予見する，前兆を捉える，先に手を打つなど，問題発生の芽を摘む活動です．どうしたら予見できるでしょう．

(1)　予見できるくらいなら，もう手を打っている

マネジメントシステムでは，未然防止，つまり問題発生の予見や予防処置のことがよく話題にあがります．言葉で言うのは簡単で，概念は理解できます．しかし何をどうすれば，予見できるのでしょうか．

(2)　問題発生の可能性の予見

環境以外の分野では，日常的に予見しています．たとえば市場での売上状況，原材料費の変動，株価の動向，製造工程での不良率の動き，従業員の目の輝きの変化など．こうしたアンテナから得たデータをもとに手を打っています．環境でも同じことです．

(3)　予見のポイントは現場にある

製造現場や施工現場を歩いていると，見慣れない物が置いてある，色や臭いが普段と異なる，仕事の仕方が違うなど，いろいろと気づくことがあります．私たちの着想の原点は，常に現場にあるようです．

(4)　未然防止は，考え方の大幅変革が生命線

変化の兆しをつかむには，第一に普段の姿を知ることです．そしてそれ以上に，変化がわかる手法を取ったり，チェック方法や記録方法を工夫したり，管理方法や設備仕様の決定理由から本質を知るなど，原点に立ち返って考えることが大切です．

4.9　3 年先を見越したテーマ設定

<あわてず騒がず堅実に>

人も組織も，日々成長します．環境への取組みも，最初からベストな状態とは，なかなかいきません．着実に進めるよう，少し長めに設定してみましょう．

(1)　導入の年

１年目はヨチヨチ歩き．環境取組みのテーマは，法規制の順守と，従来からの実施事項の確実な遂行，さらに将来に向けたデータ採取と分析の開始．

先々のことも考えたうえで１年目のテーマをこう決めるのならば，それもよいでしょう．ここで認証も取得して，表舞台に立ちましょう．

(2)　定着の年

始めてしばらくすると，ほころびが見えてきます．本質を理解するにも時間がかかります．２年目は，定着の年．システムが自分たちの血となり肉となるよう努めます．データの採取と分析は続けましょう．

(3)　飛躍の年

３年目ともなると，システム面，運用面，数値面などで多くのデータが集まって，分析も進んでいることでしょう．３年間にわたって蓄えたものを再整理して，自信をもって飛躍へのステップにします．

(4)　新しいテーマ

計画的にデータを取って，工夫しながら運用していくと，新しい世界がだんだん見えてきます．環境だけに特化したものから，品質や経営との複合版など，応用編に進んでいってもよいでしょう．

4.10　ISO 14001 導入の副次的な効果

<せっかくの機会を有効活用>

ISO 14001 の導入は，組織にとっての大事業です．この機会を，他方面にも活かしたいものです．この際，副次的な効果が主体でもよいかもしれません．

(1)　後継者の育成

環境マネジメントシステムの構築は，組織全体を巻き込む一大事業です．各部門の伸び盛りの人たちには，推進役になってもらいたいものです．

将来を背負って立つ人たちが，組織内の仕組みを整備して，さまざまな人に働き掛ける．しかも各人は“同じ釜の飯を食った仲間”になる．後継者育成の絶好の場面だと思いませんか．

(2)　組織内の管理体制の確立

環境をテーマにマネジメントシステムを整備すると，組織としての管理体制・業務体制に，一本筋が通ります．取っ掛かりは環境ですが，この内容は，経営面をはじめ，あらゆることに応用可能です．

(3)　組織の団結力の発揮

認証の取得からその後の運用まで，全員参加で苦労しながら進めています．皆が仲間であることが再認識できました．やればできる仲間たちです．

(4)　新たなる自慢のタネ

うまくいった話は，あちこちで触れまわりたいものです．業界の集まり，地域の会議所，得意客の前．経営者に限らず，良い成果を自慢できることは，とても幸せです．ただし，疎ましがられない程度に．

第5章
ISO 14001の中で自分が行うこと

ISO 14001への取組みは全員参加が基本です．自分自身は何を行うことになっているのだろうか．もっと積極的に参加するならば，どんなことができるだろうか．どうすれば確実に行えるだろうか．自分の行うこと，できることを考えていきましょう．

5.1　自分が取り組むテーマ

<自分の役割を知る>

環境活動に取り組むとき，自組織の環境活動の全体像は押さえておきたいものです．そして自分が行う活動の位置づけと価値とを理解しましょう．

(1)　組織全体としての取組み

大きな方向性は“環境方針”に示されています．さらに組織全体の“環境目標”があることも多く，どちらも，必ず文書化してあります．

(2)　自部門での取組み

部門単位で環境活動に取り組んでいる組織では，部門ごとの環境目的や環境目標を決める形態が多いようです．私たちが知っておくべきことは，“それをどのような方法で達成するか”です．達成策を知らなければ，当を得た行動は難しいでしょう．

(3)　自分は何に関わっているか

環境活動の中で，自分は何に携わることになっていますか．手順書を見たり，詳しい人に尋ねるなどして，理解してから行動することが大切です．ここをきちんと押さえておかないと，実行し損ねます．

(4)　いつも忘れずに実施する

毎朝６時に起きる必要があるのに，起きる自信がなければ，目覚し時計をセットします．環境活動でも同じです．忘れないようにする方策を設けないと，忘れてしまうことが多いものです．自分なりの方法を考えましょう．

5.2 製造・施工・サービス提供時に行うこと

<環境と品質はワンセット>

品質の状態が良好になると，環境への悪影響は低下します．いってみれば，普段の仕事を確実にこなすことも，環境活動であると言えます．

(1)　製造不良の低減

製造段階での不良発生が減ると廃棄（またはリサイクル）に回る原材料が少なくて済みます．資源の無駄遣いが減り，廃棄による環境影響が減ります．もちろん原材料の購入と廃棄に要する費用も低下し，余計な工数も減少します．

(2)　在庫廃棄の削減

生産計画や購買計画の予測が外れると，出荷目処の立たない完成品や，使用予定のない資材の在庫が増え，廃棄が必要になり得ます．また資材管理が悪いと，長期滞留資材の廃棄が必要になり得ます．

(3)　資材等のリユース

場内移動用の資材や顧客引渡し用資材の中には，繰り返しの使用に耐えるものもあります．これらの管理方法を確立すれば，環境に対する貢献度が上がる可能性もあります．

(4)　業務の状態を見てみる

ここまでに述べた事項の可否は，簡単には結論が出ないかもしれません．管理面や体制面，衛生面，費用面，顧客との協定内容，原材料や資材の本質的特色など，考慮する事項は，いろいろあります．まずは，実現の可能性のあるものから始めましょう．

5.3　有害物・廃棄物の扱い

<物質の管理は環境に直結>

環境に直接影響を及ぼす可能性のある物質，有害物・廃棄物も，私たちのまわりに存在しています．これらの扱いにも，普段から気を付けたいものです．

(1) 有害物・廃棄物の置き方

容器に入れる，密閉する，留め金を付ける，表示する，床に直置きしない，屋外に置かない，など．有害物や廃棄物の中には，置き方や扱い方などが指定されているものがあります．知っておきましょう．

(2) 有価物の状態維持

有価物の中には，状態が変わってしまうと，リサイクルやリユースできなくなるものもあります．価値があっての有価物．それはそうですよね．

(3) 数量の管理

行方不明になっては大変．数量管理も必要です．原料，副資材，不具合品，回収品など，内容・状態・形態ごと，場合によっては送付先や使用場所ごとに分けて，数量管理することもあります．

(4) 搬出（産廃業者の許認可とマニフェスト）

有害物や廃棄物を場外に搬出した後は，どうなるのでしょうか．活用を委ねるものもあれば，産業廃棄物として処理を依頼するものもあります．搬出後の行方は，承知しておいて，安心したいものです．

産業廃棄物の処理は，許認可の対象です．処理が系統的に適切であったことは，“マニフェスト（産業廃棄物管理票）”を産廃業者から得て確認します．

5.4　環境配慮型製品の開発

＜抜本的な環境対策は製品開発の段階で＞

製品の構造，使用資材，廃棄段階への考慮などは，開発の段階で，その大半が決まります．製品開発は抜本的な環境対策の王道です．

(1)　環境影響の少ない本体材料と梱包材の使用

“特定の有害物質を含まない”材料を指定する企業が増えてきました．また環境影響の少ない資材も，ずいぶん普及してきました．製品によっては，開発変更の一環で，これらを指定することもあります．

(2)　リサイクルやリユースの容易な製品

主機構や回路を変えずに外面だけをリサイクルやリユースしやすくする方式も，構造全般にわたってリサイクルやリユースしやすくする方式も，製品開発で図れる抜本的な環境対策の典型例です．

(3)　省資源・省エネルギー

自組織や他組織の従来製品に比べて，資源やエネルギー使用量が低減できる製品を開発する．単体で成果が出るものもあれば，ソフトウェアを組み込んだり使い方の設定を変えて対応するものなども考えられます．これらも，抜本的な環境対策と言えます．

(4)　使用者側の環境対策に応用可能な製品

使用者側の環境活動で応用するために，特定の仕様の製品に関する需要が出てくることがあります．

こうした製品を普及させることは，自組織だけの環境対策にとどまらず，組織の外にも環境効果を広げることにつながります．工夫しましょう．

5.5　製造方法の指定と施設・装置の管理

＜良い状態で稼働させることが基本＞

製造方法の指定や施設・装置の管理も，環境対策では重要です．これらを適切な状態で運用することで，継続的に環境への影響を低減することが可能です．

(1)　製造方法の指定

作り方の指定にも，環境対策はあり得ます．無鉛はんだを使ったり，製造時の管理値を緩和して省エネを図ることもあります．しかし，品質水準の確保は絶対ですから，技術革新が必要なことがあります．

(2)　施設・装置の設計・選定

製造に用いる施設や装置を設計・選定する際にも，環境対策はあり得ます．消費電力や重油の使用量，消耗部品のリサイクル性や交換頻度，使用材質など，検討・対応する余地は，いろいろあります．

動線（物や人が動くルート）の変更や移送手段や距離の変更などが，環境に有効なこともあります．

(3)　施設・装置の管理

施設・装置の日常点検，消耗部品の定期交換，計画補修によって，機械を常に良好な状態に保つことは，エネルギー消費量の削減に結び付きます．

(4)　排水・排ガス等の処理施設の管理

水質・大気・振動・騒音・臭気・土壌・地下水などへの影響を食い止めるのが，処理施設です．処理施設の稼働を良好な状態に保ったうえで，排出する水質などの監視，処理施設の監視，施設・装置を十分に管理して，環境水準を確保します．

5.6 普段から続けること

<日々の継続がじわじわ効いてくる>

“継続は力なり” と言いますが，一つひとつは小さなことでも，日々継続して蓄えていくと，大輪の花が咲いてきます．そんな成果を楽しみに．

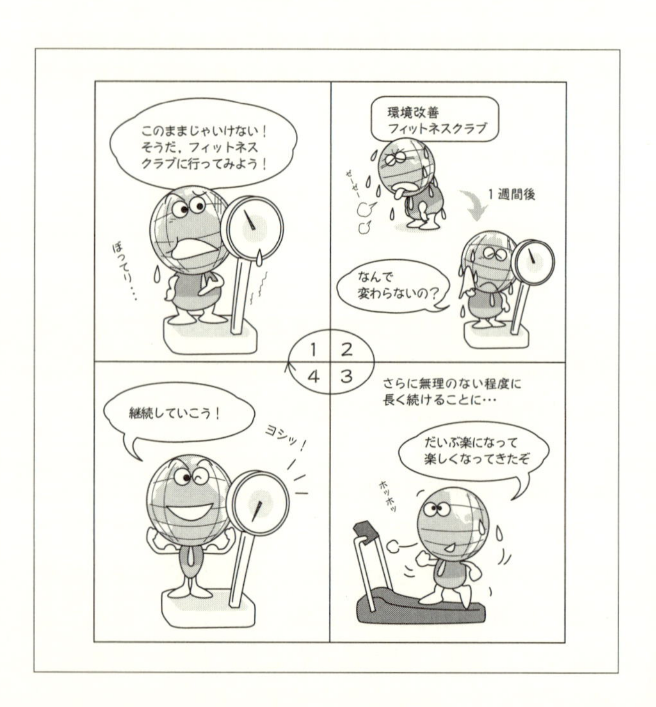

(1)　紙・ゴミ・電気の低減

ありふれたテーマですが，すぐに取り組めます．少なくとも，無駄遣いは避けたいものです．経費も節約できます．組織内で低減目標が示されているならば，達成策を考えましょう．ただし，無理をして“我慢大会”にならないよう気を付けて．

(2)　環境活動の実施事項を担当業務に組み込む

環境活動に伴って自分が行う事項のうち，自分の担当業務に直結する内容は，普段の仕事にそのまま組み込むと，忘れず確実に実行できます．

たとえば日常業務の実施事項の一角に組み入れる，日々使うチェックリストに追記するなど，普段どおり実行すれば達成できる形を築くとよいでしょう．

(3)　監視・測定

きちんと見ていないと，糸の切れた凧になります．環境活動として取組みテーマを指定する際には，何をどの頻度で監視・測定するかを指定しています．この指定がなかったら，設定者に聞いてみましょう．また，問題に気づいたら，所定の人に伝えましょう．

(4)　工夫のアイデアを蓄積する

日々環境活動を続けるうちに，工夫のアイデアが浮かびます．次回には，そこを改善しましょう．

5.7　緊急時に自分が行うこと

<思い出せるようにしておかないと対処できない>

普段することは，たいてい頭の中に入っています．しかし大切なのは，緊急時のこと．あわてると思い出せず，肝心なことを，し損ねるかもしれません．

(1)　何が起こる可能性があるか

突発的な出来事には，いろいろな可能性があります．とはいえ，明らかに起こりそうなことは，いくつか思い付くでしょう．何が起こるか，容易に想定できるものを，書き出してみましょう．

(2)　緊急事態への対応手順の確立

起こりそうな事柄を想定したら，何をするかを決めます．ちょうど“火災時の避難経路を決めておく”ように，環境上の緊急事態の発生時にどうするかを，個別の事態ごとに，あらかじめ決めておきます．

(3)　結局，自分は何を行うのか

“緊急時に行うことを決めたのに，いざそのときになると思い出せない”．よくあることです．

何を決めたかは，決めた本人でも，半年も経つと忘れるものです．日常活動は自然に覚えていますが，緊急時のことは，いつも目に付く場所にメモを貼っておく，何度も練習して体に覚えさせておくなど，思い出すための何らかの方策が必要です．

(4)　情報の迅速な伝達

思いがけないトラブルが発生した場合，規模，影響の大きさなど，何を誰にどんな手段で伝えるか．平常時に，練習しておいた方がよいかもしれません．

5.8　やるべきことをしなかったら

＜逆のことを考えると真実が見える＞

なぜ，こんな面倒なことをやらなければならないのだろう．そんなときは，それをやらなかったらどうなるかを考えると，答えが見えてきます．

(1)　法規制を守らないと？

当然，これは法規制違反です．新聞沙汰になるかどうかは別次元の問題です．罰則があるかどうかはその法規制次第ですが，自組織のプライドに掛けて，法規制は守りましょう．

(2)　客先との約束を守らないと？

ビジネス上の信用問題になり得ます．環境活動のいくつかは，企業が協力し合うことで成し遂げられます．せっかくの共同活動の価値が下がらないよう，私たちも努めたいものです．

(3)　ISO 14001の要求事項を守らないと？

内部監査や認証審査では，不適合の指摘を受けます．

認証審査では，重大で致命的な不適合で，しかも是正できずにシステムが成立しなくなると，認証取消しというケースも考えられます．

(4)　自分たちで決めたことを守らないと？

たとえば廃棄プラスチックを2種に分けることにしたのは，塩素系が混ざるとダイオキシン発生の可能性があると知ったからでしたよね．自分たちでルールを決めて自分たちで破る．予定した効果が期待できなくなること以上に，情けないことです．

5.9　環境報告書を読んでみる

<成果は環境報告書で披露されている>

環境環境と言われ続けてやってきたけど，結局どうなったのだろう．その経緯と将来を知るには，環境報告書を読むのが一番．なるほどと感心します．

(1)　環境報告書を入手する

ここからの話は，自分たちの組織に“環境報告書があれば”が前提です．すべての組織が，環境報告書を作っているとは限りません．

その環境報告書．組織外の人はもちろん，組織内の人にも見てもらうことを前提としています．

(2)　自分の感覚との一致・相違

読んでみて，どう思いましたか．自分なりに考えていたことと，方向性は合っていますか．組織として下した評価は，自分として妥当だと思いましたか．疑問点は尋ねてみて，納得しておきましょう．

(3)　自分たちの行く末を知る

組織としての“環境への取組みの将来像”は，よく理解しておきましょう．また反省点や成功例は，自分たちの次のステップへの大切な糧となります．

(4)　他の組織の環境報告書

自分たちの組織のことを知ったら，他組織の環境報告書も見てみましょう．内容を理解してもらおう，成果を知ってもらおうと，皆，工夫しています．

自分たちがいろいろ考えて歩んできたからこそ，他組織の報告書の真意をくみ取ることができるし，さらにヒントをつかむこともできます．

5.10 工夫の秘訣

<原点は工夫に対する取組み>

ISO 14001 の特色の一つに“継続的改善”があります．いわば“日々工夫”です．自分のアイデアを，工夫に活かしましょう．

(1)　本当にできているだろうか

苦労した活動の成果は，タイムリーに知りたいし，他部門の活動内容にも興味が湧いてきます．成果を知るための方法を，確認しておきましょう．工夫の原点，それは，まず知ることから始まります．

(2)　基本は環境影響評価

環境影響を良好にするための根本的な工夫は，環境への影響評価を通じて行います．ここで，取り組む値打ちを量り，進むべき方向を決めていきます．

評価の仕方も，従来からの方法がベストとは限らないかもしれません．時には“評価方法”自体の適否を，評価してもよいかもしれません．

(3)　成果自慢

うまくいったことは，組織内にも，組織外にも，語っていきたくなるのが，自然な気持ちです．たどってきた道筋を再整理していくうちに，自分たちの進歩と真価に感心することも，結構あるものです．

(4)　アイデアを新たにして花開かせる

成果を見て，これまでやってきた内容や方法を再評価していくうちに，いろいろなアイデアが湧くものです．普段の環境活動の場で出るアイデアと合わせて，新しい花を咲かせましょう．

第6章
自分が推進役になったら

ISO 14001に基づく環境マネジメントシステムの導入．組織全体を巻き込むこの一大事業の立役者が，推進役です．責任は重大ですが，やりがいがあります．

6.1 推進役とは

＜本気になって携わる＞

“ISO 14001 は全員参加”と言われますが，誰かが中心となって引っ張らないと，組織はなかなか動きません．成否は，推進役にかかっていると言えます．

(1)　推進役の役割

環境マネジメントシステムを構築し，さらに維持・改善する．この仕掛け人が，推進役です．

組織全体を動かす大きな事業であり，システムがあらぬ方向に進むと，仕事に差し支えることもあり得ます．つまり，推進役とは，そんな大切なことを任せられる人であるとも言えます．

(2)　推進役は“本気マン”

やる以上は,とことんやりましょう．推進役には,責任感の強い，いわば“本気マン”に加わってほしいものです．生半可なことでは自分も納得できないでしょうし，人も動いてくれません．

とはいえ“本気マン”は普段の仕事も忙しいことでしょう．小手先から入らず，マネジメントシステムの本質にズバリ切り込んで,進めていきましょう．

(3)　自分を磨くには

相撲の世界では，よく“地位が人をつくる”と言われます．横綱になると，本人に自覚が出てきて，大きく変貌するという意味だそうです．

推進役にも，同様のことが言えます．システムの構築・維持・改善は，組織固めにもつながります．結果的に推進役は“環境に限らず，組織内のすみずみにまで精通している人”に成長することでしょう．

6.2　規格の意図と物事の本質を掌握

＜最初から核心に迫る＞

環境マネジメントシステムの基本には，ISO 14001と環境対象事項の本質そのものが関わります．両者を掌握して，初めてスタートラインに立てます．

(1)　規格の意図を知る

ISO 14001 規格には，多くのことが漠然と書いてあるように感じられます．しかし，じっくり読み込むと，そこにはエッセンスだけが載っていることに気づきます．規格の真意を読み取りましょう．

(2)　業務内容と対象事項の本質

取組みの対象となる環境対象事項についても同様に，本質を見極めることが大切です．もちろんそこには，法規制なども含まれます．業務や活動の内容とともに考えると，さらに核心に触れられます．

(3)　実績をもとにした各種分析

環境への影響状況や，活動成果，状態の変化などを見るにも，実績に基づく分析が欠かせません．

それらを知る必要があるのに，いまある情報だけで足りなければ，データを取りましょう．必要だと思う気持ちが，システムの改善を推し進めます．

(4)　表面的な対応が不幸を招く

認証のためだけに，本質から離れたことをやっていると，だんだん虚しくなってきます．意義を感じられないテーマには，誰も賛同しないでしょう．

認証のための活動ではなく，本質に迫る活動の追究．推進役に，ぜひともほしい姿勢です．

6.3　聞き上手なまとめ役

<気づくきっかけの提供>

推進役は，コーディネータ役です．仲間と進める環境活動ですから，すべてを自分がやらねばと思わずに，いろいろな人たちに参加してもらいましょう．

(1)　答えの多くをもともと知っている

どの職場で働いている人たちも，自分の職場の中に，どのような環境に関わる重要課題があるか，すぐに手を打つべき項目は何であるかは，結構よく知っているものです．一人で考え込まずに，多くの人の意見を聞いてみましょう．

(2)　自分で気づけば積極的に取り組める

他人から言われて動くのを嫌う人もいるでしょう．新たな取組み課題に自分で気づけば，積極的に取り組めます．推進役は，自発的な課題発見を促す黒子になりましょう．

(3)　これまでやってきたことは今後も継続できる

何らかの対応策を立てるときに，あまりにも立派すぎて，後が続かないことがあります．そのうちのいくつかは，これまでやってきた内容や方法で十分ということもあります．これまで続けてこられたということは，今後も続けられるということです．推進役は，これらをうまく引き出すよう努めましょう．

(4)　独善的になってはならない

推進役はエライ人ではありません．ある場面を交通整理するのは構いません．しかし，独善的になったり指導したりすると，人はついてきてくれません．

6.4　原点は現場

<現場なくして成果なし>

机の上でいくら考えても何も思い付かないときに，現場に出ると，たちまちひらめくことがあります．そうです，原点は現場にあるのです．

(1)　気づきと工夫は現場から

私たちは，製造現場・営業現場・研究現場などでの，さまざまな経験を通じて，多くのことを学びとってきました．環境に対する新たな取組みや工夫の際のヒントも，やはり現場に転がっているのです．

(2)　木を切るには，まず“のこぎり”から

“さあ，スタートです．どんどん突っ走りましょう”では，きっとうまくいかないことでしょう．道具を得て道具を整備する．土台固めが大切です．

(3)　苦労を押し付けると最後に噴出・破たん

ある推進役は極端な情報重視家．データは何でも欲しくなり，こと細かく記録を取ってもらうことにしました．この作業，量が多く，頻度も高いので不平不満が爆発．とうとうすべてを，やめてしまいました．本当は，ある特定のデータだけは確保しておかないと，自分たちが困るのに．

(4)　ともに歩む

推進役と各職場の担当者は，もともと同じ組織の同僚です．両者が，いっしょに考えて，いっしょに工夫して，いっしょに実行すれば，こんなに心強いことはありません．推進役の役割の基本は，こんなところにあります．

6.5　3 年後を見据えてシステムを仕込む

<3 年先の姿からいまの状態を見る>

いまを見て，先を見る．すぐに変わるものもあれば，時間を要するものもある．3 年後の絵姿を思い浮かべて進めると，ちょうどよい具合に仕上がります．

(1)　システム構築中は余裕がない

環境マネジメントシステムの構築は，どの組織にとっても一大事業です．進めるのは大変です．先を見越したシステムを早めに完成させるべきだと知りつつも，そんな余裕がない組織が大半を占めます．

(2)　いま考えていることが将来に役立つ

マネジメントシステムと言えば“継続的改善”．やってみなければわからないことも多いのですから，あせる必要はありません．

構築・維持の段階ともに，とことん考えましょう．考えたことを溜めて揉んで活かすことが大切です．

(3)　システム確立３か年計画

システムをベストに近づけることは，永遠の課題です．ならばいっそのこと，最初から割り切って，１年目は基礎固めの年（認証も取得），２年目は定着の年（ほころびは順次修正），３年目は飛躍の年としてはどうでしょう．気持ちが楽になるでしょう．

(4)　場合によっては“玉手箱”の設置も

プロのコンサルタントは，将来のことを見据えてシステム構築を手助けします．時には，順調に進んだときや，全く逆のときに初めてわかる“玉手箱”や“びっくり箱”を仕込むこともあります．

6.6　その気になってもらう

<人間心理を考え，推進力の確保>

環境マネジメントシステムを軌道に乗せるためには，全員に“よし，やるぞ”と思ってもらうことが大切です．その気にさせることも，推進役の役割です．

(1)　人は納得しないと動かない

突然“こうしなさい”と言われても，訳がわからない状態だと，なかなかそのとおりにやってもらえないものです．人に動いてもらうには，少なくとも理由や目的を理解してもらうことが必要です．

(2)　気力や意気込みは次第に低下する

元旦に“一年の計”を立てても忘れてしまうのが人の性です．続けるには，自分自身がそれを気に入る，それをやらずに次の段階に進めなくする，やらないと怒られるなど，続けるための仕組みも必要です．

(3)　人は褒められて成長する

“褒められてイヤな人”はいません．よく“子供は褒められて成長する”と言いますが，大人でも同じことです．褒め言葉も推進力です．

(4)　自分がイヤなことは相手もイヤ

よく，とてもできそうもないことを指示する人がいますが，相手はたいてい“やれるものならやってみろ”と心の中で思っているものです．

推進役も相手も，人の子です．何をどのように行うかを指定するとき，自分が相手の立場に立って，どうすればできるかを考えれば，おのずと道は開けます．

6.7　出来事を伝える体制の確立

<マネジメント判断には情報が必要>

マネジメントシステムを円滑に流すための潤滑材，それが“情報”です．日常情報・緊急情報など，内容と伝達先が理解されているかどうかが重要です．

(1) 採取データ・分析方法・伝達手段の設定

判断を下すには情報が必要です．情報を入手するには伝達ルートの設定が必要ですし，普段からデータを取っておいて分析することも必要です．そして，発信者には“これが伝えるべき情報である”と気づくセンスを磨いてもらうことが不可欠です．

環境“マネジメント”システムの中枢には，常に“情報”があります．上述のような観点から，情報の確保方法を決めていきましょう．

(2) 変化の兆候のキャッチ

データの多くは，定期的に採取しています．採取したデータは，埋もれていませんか．以前の状態と比べたり，類似のものと比べたりすると見えてくるものがあります．これが変化の兆候です．

変化の兆候は，外部からもたらされることもあります．先手必勝．気づいた変化を活かしましょう．

(3) 緊急情報伝達のホットライン

緊急の場合には，情報を，早急に確実に，そして適切な人に伝えることが大切です．

日々の情報伝達ルートは，いつもやっていますから百も承知ですが，緊急時のこととなると，普段から意識していなければ，すぐには対応できません．普段しないことの方が大切なことも多いのです．

6.8　審査をどう受けるか

＜審査で気を揉む推進役＞

第三者の審査を受けることは，大きな出来事です．初めて審査を受ける組織はもちろん，長年運用している組織にとっても，やはり大舞台です．

(1)　審査は節目

推進役としては，審査を受けられる状態か否かが，大いに気になります．特に初めて審査を受けるときは，経験がない分だけ，余計に心配になります．

逆に，認証取得から何年も経つと，審査慣れして，妙な受審テクニックが出てきたり，“あれは管理職が受けるもの”という風潮に陥ることもあります．

(2)　自分たちの自信作の発表の場

認証のためだけに運用している組織は別として，通常の組織では，審査は“晴れの発表の場”です．推進役は，舞台裏に徹しましょう．主役は，それぞれの部門ですから．

(3)　質問やコメントは納得できるまで尋ねる

審査員からの質問，コメント，指摘などは，よく理解できていますか．わからないときは，聞き直しましょう．理解できないままに進めると，推進役・各部門・審査員にとって迷惑になります．

(4)　審査結果への対応と情報の活用

審査を通じて得られた情報は，各部門から推進役に集約しましょう．この中には，特定の部門専用のものもあれば，組織全体に共通するものもあります．得た情報は，とことん活用しましょう．

6.9　コンサルタントの使い方

<コンサルタントは諸刃の剣>

多くの組織がコンサルタントを活用していますが，優秀な人もいれば，それなりの人，かえって害悪をもたらす人など，実に多種多様です．

(1)　コンサルタントに何を依頼するか

コンサルタントには，何を求めるのでしょうか．構築の方向性の示唆，個別文書の作成，運用状態の確認，審査対応時の用心棒，改善の指南役，経営に関するアドバイス．コンサルタントへの依頼内容は，システム構築時と認証登録後とで，大きく異なります．

(2)　コンサルタントは千差万別

コンサルタントも千差万別です．単に審査員研修コースに合格しただけの人もいれば，認証取得後の維持段階のシステム・体制・経営の改善を主体と考えている人もいます．

コンサルタントに直接会えば，奥深いかどうか，すぐにわかります．基本は従業員面接と同じです．

(3)　得た情報と知識の活用

本当に優秀なコンサルタントが得られたならば，自組織の問題点を洗い出して，いっしょに対応策を考えましょう．たいてい枝葉抜きで根幹のことから始まります．貴重な機会を，うまく活用しましょう．

(4)　常に“主体は自分たち”

とはいえ，主体は自分たち組織にあります．いかに優秀なコンサルタントといえども，自組織を大切にする気持ちは，従業員に敵うはずがありません．

6.10　統合マネジメントシステム

＜組織内にマネジメントシステムは一つ＞

組織が存在し，活動を続けられるならば，“マネジメントシステム”は必ず存在しています．種々の課題を飲み込みながら，太く強くしていきましょう．

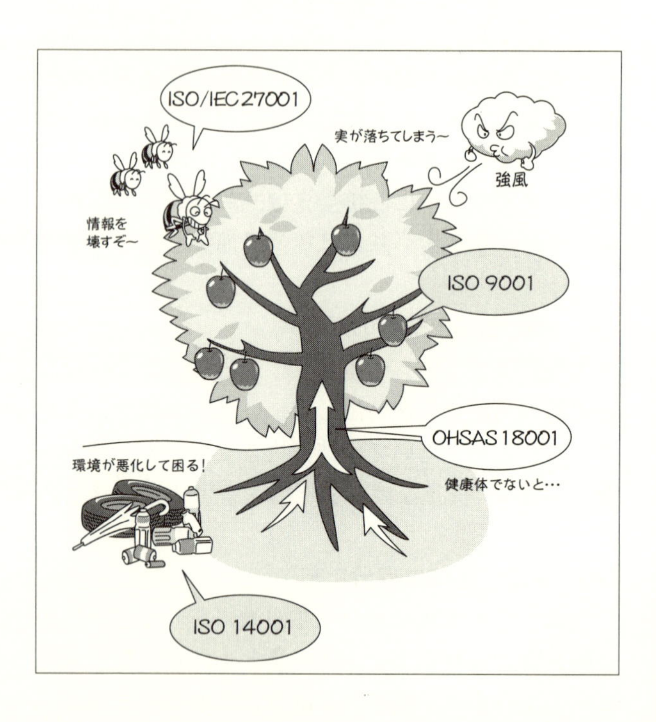

(1)　環境，品質，労働安全衛生，リスク，財務…

マネジメントシステム規格の数が増えてきました．本質に迫って長く続けていくには，たしかにマネジメントシステムという形態には一理あります．

(2)　一つの組織にマネジメントシステムは一つ

規格の数が増えても，その数だけマネジメントシステムが組織の中に生まれる訳ではありません．これらはあくまでも扱う局面やテーマの違いであり，一つの組織に，マネジメントシステムは一つです．そうでなければ，組織の中は大混乱です．

(3)　一つの活動を行うために知っておくこと

たとえば“製品Ａを製造するときに，環境手順書，品質手順書，労働安全衛生手順書の三つを見る”という形態ならば，仕事はどうなるでしょう．一つの活動を行う際に守るべきことは，よく整理しておかないと，とんでもないことになります．

(4)　補完し合って，ともに成長

たとえば，製品設計で用いる技術基準に，性能と環境の二つの面の視点を，整合させながら組み込んでおくと，その基準に沿って設計すれば，品質・環境に配慮した製品設計になりますね．各種テーマをうまく結び付けて補完することがポイントです．

第7章
まわりの人たちは私たちをどう見ているか

私たちのまわりには，多種多様な立場の人がいます．そして，それらの人たちを抜きにしては，私たちの存在は成り立ちません．まわりの人たちは，私たちの環境活動を，どう見ているのでしょうか．

7.1　環境に関して組織を取り巻くもの

＜いまや環境抜きで組織経営は語れない＞

ISO 14001 もよく知られてきました．組織を取り巻く人たちは，あなたの組織が何に取り組むか，自分にどのように関わるかなど，興味津々です．

(1)　関係者は多く意識も変化

左の図が，あなたの組織を取り巻く関係者です．実にさまざまです．想いや期待も異なります．しかも以前といまとでは，関心の方向も変わってきました．

(2)　組織に求められる環境保護

従来の組織の環境管理と言えば，法規制の順守が主体でした．今後は“製品やサービスのライフサイクル全般（原材料調達・製造・輸送・消費・廃棄）が環境に及ぼす影響を，全体として低減させていく”という考え方が不可欠です．つまり環境管理は，組織活動全般に関わるものであると言えます．

(3)　いつでも見てください

“関係者の皆様，私たちは，公明正大に環境活動に取り組んでいます．誰から何を尋ねられても，堂々としています．いつでも，何でも，ご覧ください”．やりましたね．これが好ましい姿勢です．

(4)　成果の判断…最後の評価は利害関係者が下す

自分たちの組織で頑張って良い成果を出した場合でも，そうでなかった場合でも，最終評価は利害関係者が下すことになります．

認証，環境報告書，利害関係者による直接確認など，相手に応じた方法で，評価を受けます．

7.2　顧客の環境協力要請

<顧客のグリーン調達>

“当社の環境対策に，ぜひとも協力してください”と顧客に正面から頼まれると，イヤとは言えないもの．環境に貢献できる内容ならば，なおさらです．

(1)　組織の壁を越えた環境活動

一つの組織だけでできることは，たかが知れています．原材料調達や製品販売が国境を越えて広がる現在，組織の壁を越えた環境活動が必要です．

(2)　他組織の成果を自組織の環境貢献に組み込む

納入資材への特定化学物質の使用禁止や特別管理，顧客が指定する省エネルギー構造への設計対応，共同技術開発，情報交換など．調達先で達成した環境対策がそのまま納入先の環境貢献に直結する場合や，納入先側で管理できない特定化学物質を使用している場合など，顧客側は目を光らせています．

(3)　顧客からの要請による ISO 14001 認証取得

顧客から，ISO 14001 認証の取得要請が舞い込むことがあります．最近では“顧客の確認プログラムに合格すれば OK”という方式も多いようです．

顧客が熱心に環境対策に取り組み成果を上げると，次第に普及活動に転じることが多くなります．

(4)　顧客ニーズの掌握

この顧客は，グリーン調達にどの程度熱心なんだろうか．ポーズづくりだけか，実効を求めているのか．真剣な客先からの協力には，“心意気”で応えたいところです．必ずよい勉強になります．

7.3　消費者からの環境要望

<グリーンコンシューマー>

環境に対する消費者の声も，大きくなってきました．ただし，消費者の声を得るのは難しく，特定意見か全体意見かの見極めが，意義の大きさを左右します．

(1)　消費者の声

直接取引のある客先とは異なって，消費者の声は，なかなか直接的には聞こえてきません（直販や小売店は別です）．消費者に，環境への要望があることは知っていますが，どの程度なのでしょう．

(2)　消費を通じた環境活動の側面支援

消費者の環境意識は，“有機野菜”に似ています．熱心な人は，よく理解していて，核心をズバリと突きますが，“何となく”という人も多いようです．比率は，無関心の人が圧倒的かもしれません．

真剣に考えている人の意見は貴重です．いわば“消費を通じた環境活動の側面支援”です．一方，ムード派の意見は，根拠がないだけに，怖さもあります．口コミのパワーも，あなどれません．

(3)　消費者への普及活動

環境活動を真に理解している人を増やす努力も，私たちに課せられているのではないでしょうか．

“環境活動は半端だが，環境宣伝は強烈”というハリボテ型の組織を排除して，良好な活動が支持されるようにするには，消費者に，環境に関する本当の話を知ってもらうことが先決です．自分たちの環境活動の意義を感じてもらえて，的確な評価が得られると，さらに意欲が湧くことでしょう．

7.4　購買先への環境要望

<グリーンマーケティング>

購買先への環境要望は，客先からの環境協力要請とはまったく逆の立場．資材仕入先，業務委託先と協力して総括的に対応すれば，大きな絵が描けます．

(1)　私たちの想いをわかってください

購買先の協力を得るには，自分たちが，強い信念と確信をもつことが大切です．他の組織に動いてもらうことは，理解してもらうことから始まります．

(2)　互いに協力して研究する

自組織だけでは対応できない部分については，購買先との協力も不可欠です．基準や指標の提示，技術開発・相互供与，情報交換・相互共有，共同内部監査など，さまざまな内容・形態があり得ます．

購買先に，ISO 14001 認証の取得を求めるのであれば，取得支援の要否も考えましょう．

(3)　協力結果を顧客・消費者に提供する

購買先と協力して確立する環境貢献策は，市場への大きな武器となります．製品・サービスのグレードアップ結果や，外部に対する環境影響の低減結果は，胸を張って顧客・消費者に提供しましょう．

(4)　環境貢献の度合を評価する

とはいえ，自組織と購買先とは別個の組織．進歩的な成果の貢献度合を，共同で評価することも大切です．相互確認もよし，両者の総括環境報告書もよし．数値的な結果だけでなく，環境を通じた両者の業務協力も，評価の対象に加えたいものです．

7.5　行政からの環境要望

<戦略的な国策と地域政策の立役者>

環境活動は，組織単独や顧客・購買先との協力では，できることが限られています．もっと広範に取り組むには，行政の関与が不可欠です．

(1)　国家・地域一体の戦略の発揮

国家や地域の環境戦略は，通常，行政が立てます．多くの場合，国策に関係する二酸化炭素排出等は政府が，地域の総括的活動は地域行政が音頭を取ります．

(2)　多くの組織の参画

しかし，実際の主体はやはり個別組織です．業界団体や商工会議所なども協力したりします．

多くの組織が加わるには，参加意欲をかき立てる施策と公平に評価する仕組みの両方が必要です．

(3)　ビジネスとの板ばさみ

行政から示される戦略的な施策の中には，抜本的な改革なくして達成できないものもあります．自組織の技術力アップやビジネスとうまく結び付けられればよいのですが，行政への協力と持続的発展とのバランスに苦心することもあります．

(4)　行政に望むこと

自組織では困難でも，行政なら対応できることも多くあります．たとえば“当該地域に適用になる環境法規（地域条例を含む）を行政区画単位で明らかにすること”は，行政には容易でも個別組織には難しいものです．行政には特に，“環境活動を地域活性に役立てる”という姿勢を期待したいですね．

7.6 地域住民からの環境要望

<地域の中での共存共栄>

自分の組織が，活動を続けていられるのも，地域の理解があってのことです．地域の人たちと協力し合って，二人三脚で環境活動に取り組みたいものです．

(1)　地域あっての私たち

地域あっての私たちです．法律や規制，地域との協定など，守るべきことは，必ず守りましょう．そして，地域の方からの要望にも，必ず耳を傾けましょう．

(2)　何でも知ってもらう

自分たちの環境への取組みとその成果の報告を，ウェブサイトなどで公開しましょう．

あるいは，自組織の情報公開がそこまでには至っていなくても，自信をもって答えられるように，準備しておきましょう．

(3)　いっしょに取り組む

地域の人たちといっしょに環境活動に取り組むことも可能です．大きなテーマでなくても構いません．いっしょに考える場面を設けたり，いっしょにボランティア活動に取り組んでもよいですね．

(4)　接して初めてわかる地域のニーズ

地域の人々と接すると，騒音，振動，臭気などの前兆情報を入手できたり，意外にも消費者のニーズが得られたりします．きっかけは環境でも，得られる情報は，環境に限りません．仲良くなった人々からの情報は，本当にありがたいものです．

7.7　ボランティア活動

<いま私にできること>

私はこれまで，組織内部で環境に貢献してきました．しかし私にできることは外部にもたくさんあります．積極的に外に出るのも，私の役目だと思います．

(1)　いつからでも何からでも

環境に関する任意活動の一つに，ボランティア活動があります．最近では，旅行会社と観光地が提携した“ゴミ拾いツアー”なるものも，出ています．きっかけは何でも構いません．始めてみましょう．

(2)　楽しみの中から得る充実感

環境というと，どうしても話が堅くなって，面白みが少ないと思いがちです．しかし，気持ちのもち方一つで楽しみに変わります．そうなると，活動を終えてから“ああ，よかった”と思えてきます．

(3)　ときどきレビューする

ボランティア活動も，長く続けるうちに，いつの間にか仲良しクラブになっていくことがあります．良い意味での仲良しクラブは大いに結構ですが，単に環境を口実に集まるだけとなると，別物です．原点に立ち返って省みる機能を，ぜひ設けましょう．

(4)　仲間の広がりが環境活動の広がり

自分一人や，数人の親しい友人だけで始めたボランティアであっても，楽しみが見つかったなら，もっと仲間を増やしましょう．自分にとって，仲間にとって，地域環境にとって，地球環境にとって意義あることならば，仲間は多い方がよいのです．

7.8　製品ライフサイクルからの環境考慮

<広い目で見て考える>

目の前の環境問題への対応を終えたら，見て考える範囲を，次第に広げていきましょう．環境への取組みは長期戦です．多角的な見方が不可欠です．

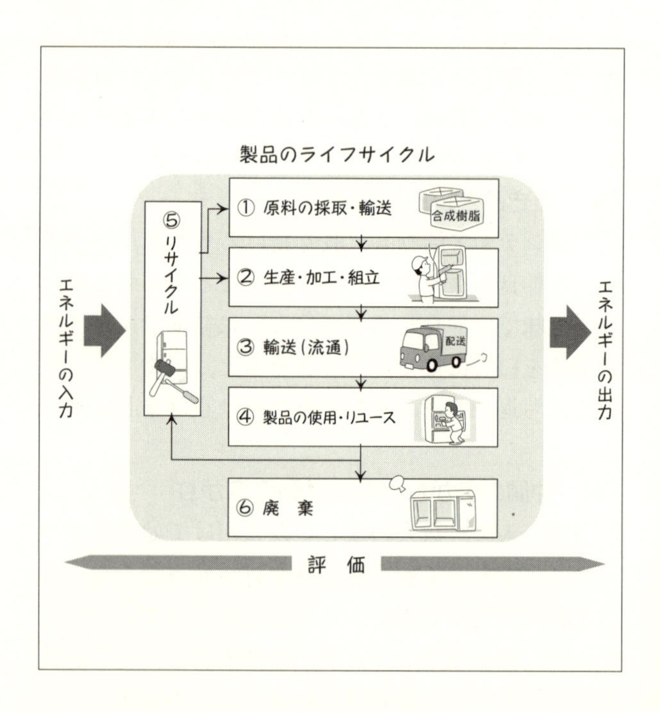

(1)　短期的な見方から長期的な見方に

たとえば，製品の製造だけに焦点を当てるのではなく，製品の原材料の採取から製造，使用，処分に至る製品の一生涯，“ゆりかごから墓場まで”の長期的な見方でもって，環境への影響を考慮していきます．

(2)　単一的な見方から複合的な見方に

私たちはどうしても，目の前にあるものだけを見てしまいがちで，そこに至るまでや，それ以降を忘れがちです．ライフサイクルアセスメントでは，基本的に，物質とエネルギーの出入りや流れを，個別段階ごとに，相互関連性を含めて見ていきます．

(3)　総合評価

こうした概念に基づいて，環境問題への関わりを総合的に捉えた評価結果は，マーケティングを考慮したうえで，製品設計（材料や構造），製造方法，使用方法，使用後の製品回収などに反映させると効果的です．

(4)　製品設計への組込み

製品設計に環境配慮の視点を組み込むことは，根本対応の一つです．設計基準や新製品の評価基準にもその視点を組み込めば，将来にも成果が得られて，製品も消費者や市場で支持が得られるでしょう．

7.9　情報公開

<情報公開して理解してもらう>

外部の利害関係者には，ISO 14001 の認証取得よりも，組織から公開される情報の確認を好む人もいます．情報公開も，外部対応の一つの柱です．

(1)　見てもらおうという積極的な姿勢

正々堂々と取り組んでいる自分たちの環境活動の成果は，多くの人に知ってもらいたいものです．

狭義の意味での“環境報告書”でなくても構いません．環境会計書がなくても結構です．どのような考えをもっているか，何に取り組んで，以前と比べてどう変わったかなど，平易な内容でも十分です．

(2)　やっていないことは書けない

私たちは，情報公開となると，格好よくしたくなるものです．しかし，やっていないことは，意外に書けないものです．またやっていないことを書くと，語尾に力がなく，嘘が露見してしまうものです．

(3)　整理するうちに次に取り組むことを見いだす

取り組んだことを書いていくうちに，“もう少しやっておけばよかった”“来年はこうしたい”などと，自分自身で気づいてきます．“書く”ことは，他人のためであり，自分のためでもあるのです．

(4)　成果披露は認証よりも信頼されることがある

情報公開は，披露する数字がメインとされます．ある消費者団体では，“ISO 14001 認証よりも情報公開を信頼する．真の成果が，そこに示されているから”と言っていました．これも一理あります．

7.10　組織内の目は厳しい

<最も厳しい評価者>

ここまでは外向きの話でしたが，実は，評価者のうち一番厳しいのが，組織内の人です．実情も背景もすみずみまで承知．冷静な批評を，期待しましょう．

(1)　外はごまかせても内はごまかせない

どんなにうまく取り繕ったつもりでも，組織内の人は，敏感に気が付くものです．実情を見てもらって，批評を受けましょう．その方が，自分にも得であり，組織全体としてもメリットがあります．

(2)　熱い想いをもった評価者

“互いに納得がいくように”“将来を考えて”“組織のプライドに掛けて”など，組織内評価者には，良い意味での熱い想いが込もっています．

外部の人にこんなことを期待しても，とうてい敵いません．愛社精神が，ISO 14001 を支えます．

(3)　見てもらうための工夫

そうは言っても，組織内の人はいつも忙しいので，“見たいな”と思わせる雰囲気づくりが大切です．

準備者は自分でわかる範囲のことは事前に整理し，推進者はその気にさせるムードを作る．プロ意識をくすぐると，その気になってくるでしょう．

(4)　人のふり見て我がふり直す

他部門の成果も，興味をもって見てみましょう．特に，よかった結果と経過からは，学ぶことが多いものです．環境活動に携わる者としてぜひ知っておきたいのは，先駆者の成功ストーリーです．

第8章
ISO 14001と認証の限界

環境への取組みとISO 14001．一番大切な“環境への貢献”を念頭に置くと，本筋に合った，最も成果の上がる対処方法とは，どのようなものになるでしょうか．いっしょに考えていきましょう．

この章では，ISO 14001と組織の環境マネジメントシステムとの適合を，第三者が文書で保証する手続きのことを“認証”という用語で表すことにします．

8.1　再度なぜ“マネジメントシステム”なのか

<持続力と組織のバックアップの確保>

環境に貢献して成果を上げる．この筋書きの中に，なぜマネジメントシステムの概念が入り込むのか．原点に立ち戻って考えてみることにします．

(1)　システムがよいと環境影響が好転するか

環境に貢献することと，マネジメントシステムとは，そもそも別個の概念です．品質でも同様です．

所定の品質水準を常に確保し続けるには，偶然や根性ではなく，組織立った必然性が不可欠です．つまり“所定の品質のものを作る”技術面のメカニズムに加えて，“最初から正しく，しかもそれを持続させる”組織面のメカニズムが必要なのです．

環境も，まさに同じこと．いかにシステムがよくても，それだけでは，環境影響は好転しません．

(2)　人の気持ちを引き付ける

“普段の仕事に対するプラスアルファ”．従業員にとって，環境への取組みの位置づけは，こんなところでしょうか．それでも，“やってみよう”と思ってもらうには，もはや“マネジメントシステム”ではなく，“マネジメント”なのでしょう．経営者や管理職のけん引力，これが常に根底に流れています．

(3)　成果が出て持続できるのがベストな方法

私たちの目的は，環境に対する成果が上がって，しかも確実に続けられるようにすることです．ISO 14001 でなくても構いません．マネジメントシステムは，継続と工夫の一般的な手法です．しかし，自分たちが納得できる方法ならば，それがベストです．

8.2　認証のメリット

＜プロから見た評価＞

自分たちの頑張りとその成果を，外部の専門家に見てもらう．プロの目は厳しくもあり，優しくもある．私たちは認証から何を得ているのでしょう．

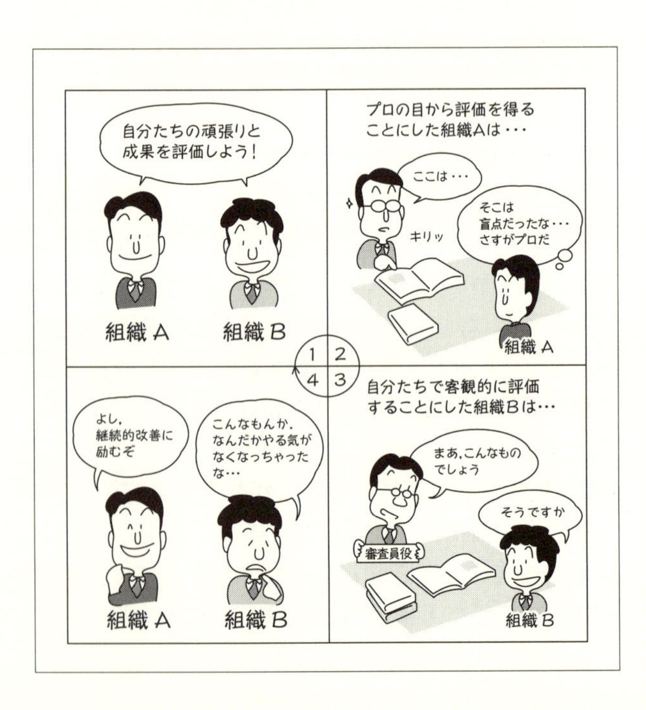

(1)　客観的な評価

自分たちではよいと思っていても，世間の人々はそう見ないかもしれません．“井の中の蛙(かわず)”にならないために，また顧客や地域の信頼感と安心感を得るためにも，客観的な評価・証明は有効です．

(2)　第三者審査の審査員は多くの組織を見ている

審査員は，多くの組織を見ています．順調に進んでいる組織，あるべき水準に達している組織，このまま進めば好転する組織，破たんする組織など．

審査員は，規則によってアドバイスを禁じられていますが，気づいた点を所見として報告することは認められます．つまり，良いヒントが得られます．

(3)　認証を通じて得られるもの

第三者審査は，私たちの活動に意義があったことを認めてもらえる場です．また認証機関では，前回の審査結果を今回の審査員に引き継ぎますので，組織の成長の姿も浮かび上がらせてくれます．

(4)　歯止め策としてのメリット

認証機関は，時期になると必ず様子を見に来ます．私たちは，ともすると怠けたくなりますが，外部から定期的に確認者が来ると思うと，やらねばという気になって，一種の歯止め機能を果たします．

8.3　認証は本当に必要か

<認証は本当に役立っているのだろうか>

ISO 14001 システムの“構築・運用”や“成果”よりも，“認証”という用語の方がよく知られているのはなぜだろう．認証のメリットとは何だろう．

(1)　認証は勲章・看板か

是非は別として，認証を，勲章や看板，つまり商売上の証明手段と捉えている組織は，多いようです．

認証を得るには多くの費用がかかります．審査費用のほか，組織内の時間や労力にかかる費用もあなどれません．看板料としては，高額な気がします．

(2)　認証制度の限界

認証は，国際的な制度に基づいて運用されています．制度があれば制約もあります．たとえば“固有の解決策のアドバイス禁止”など，制度範囲内での活動には，おのずと限界もあります．

(3)　認証は役に立たないのか

認証に問題ありと考える人にとって，その理由は左の図のどれでしょう．ISO 14001 は任意規格であり，もともと限界があります．機関や人にも問題があり得ます．受審組織の側はいかがでしょう．認証に何を求めるかを再考してみると，価値観が変わるかもしれません．

(4)　認証の使いこなし

8.2 で紹介した認証のメリットの多くは，認証そのものよりも，そこに至る審査を通じて得られるものです．これこそ貴重な財産ですね．

8.4　ISO のための ISO

<テーマを誤ると“虚しい環境 ISO”に>

ISO 14001 を“認証取得システム”という感覚で捉えると，不幸への道筋が顔を覗かせてきます．いよいよ悲しい日々の始まりです．

(1)　規格で要求しているから実施

“この内容は，規格で要求しているので，仕方なくやっています．他に理由はありません”

システム本筋に則った理由や目的が描かれているならまだしも，それもなくては虚しさの極致です．

(2)　記録のための記録

“そうですね，記録も残さなくてはなりませんね．え，まだ一度もつけていない？　それは大変．いまから記録を作らなければ…”

審査前の休日は，記録の急ごしらえのために休めなくなるという話を聞きましたが，本当ですか．

(3)　紙・ゴミ・電気からの脱却

“紙・ゴミ・電気”は，環境への取組みテーマの基本です．私たちの組織は，ISO 14001 を導入して以来 5 年間，一貫してこのテーマだけを追い続けています．そろそろ飽きてきたのですが．

(4)　細かく突っ込む“趣味の環境 ISO”

“環境影響の程度を調べるには，すべてを徹底的に調査しなければなりません．ここにクリップが何個ありますか．ちゃんと勘定して記録しておいてください．後で影響度を計算しますので”

推進役以外は全員，しらけてしまって…．

8.5　環境成果

＜成果を見て自分も納得＞

環境に対する取組み成果は，誰しも知りたいもの．成果がよくても悪くても，自分の糧にしていきたい．こんな姿勢が，自分自身を磨き上げます．

(1)　成果の掌握

“テーマを選んで挑戦して，まずはやり終えた．でも成果は不明”では，気持ちも奮いません．成果の掌握方法も，最初から考えておきたいところです．

(2)　うまくいった理由，うまくいかなかった理由

挑戦した結果がよかった場合も悪かった場合も，その理由をはっきりさせましょう．好結果の理由の究明は，成功事例のストーリー資料となり，ノウハウを蓄積することにもなります．そしてそれ以上に，参加者の納得度と結束力が高まることでしょう．

(3)　将来に向けた検討

せっかく出したその成果，応用できるものはありませんか．応用は何も環境だけに限ることはありません．環境活動で得た経験や成果の使い道は，実にさまざまです．知恵を絞って応用すれば，職場も輝くことでしょう．

(4)　情報の開示

うまくいっても，それなりでも，途中で断念しても，情報は思い切って公開してしまいましょう．

情報は思考の泉．最終結果も経過情報も大切です．“情報の暗闇”では何も手が打てません．実のある活動にするために，情報はパ～っと出しましょう．

8.6　認証取得の成果をお金に換算してみる

<看板料だけでは寂しい>

いろいろやってみたが，本当によかったのだろうか．そんなとき，成果をお金に換算してみるのも一法です．お金は，組織運営の共通指標ですから．

(1)　環境関連経費の削減

紙代・電気代・廃棄物処理費用をはじめ，環境への取組みテーマに応じた経費削減が見込めます．組織の規模によっては，大きな金額にもなり得ます．

しかし，リサイクルやリユース，代替材料の使用となると，経費が下がるかどうかは，内容次第です．経費を低減できる方法を開発しましょう．

(2)　売上増進（顧客満足の向上）

顧客からの要望で環境への取組みを始めた場合，顧客満足の向上と売上増進にも結び付くことがあります．環境配慮型製品を開発したり，販路を拡大していけば，その分野での売上増進が見込めます．

(3)　リスク回避

環境マネジメントシステムの導入がなかったら，他社での出来事と同じことが起こっていた“かも”しれない．リスク回避をお金に換算するのは至難の業です．この“かも”次第で評価は大きく異なりますので，算出方法の決定は，慎重に．

(4)　運用原価（内部監査もタダではない）

環境に取り組むには，経費がかかります．内部監査も，タダではありません．お金に換算する際には，人件費も含めた原価計算をお忘れなく．

8.7　環境卓越はメシのタネ

<環境を経営の中心に据える>

環境関連活動を，商売材料に組み入れるのも一法．環境貢献を進めれば進めるほど組織も儲かる．アイデア次第で，新たなビジネス世界は広がります．

(1)　王道の確立

環境を経営の中心に据えるには，世間並みの頑張りでは不足でしょう．製品の機能・材料，製造の技術・装置，監視の方法・システムなど，本質に迫る“環境対応の王道”を確立することにより，他組織への応用の道も開けます．

(2)　成果を整理して披露

自分たちで“すごい”と思える良い取組みと成果は，多くの人に知ってもらいたいものですし，世間から見ても価値あるものです．得られた成果はよく整理し，あらゆるチャンネルから発信しましょう．

(3)　ビジネスは向こうからやってくる

環境に貢献できるものに対する需要は，年々高まってきています．本当に価値のあるものであれば，相手から探し求めてきます．

(4)　新たな刺激を受ける

こうなってくると，次第に好循環ができあがってきます．そして新規開発依頼などの新たな刺激を受けると，工夫はどんどん進みます．

“環境を商売にするとは何事だ”と言われそうですが，組織外をも含めた環境貢献が大きいのであれば，これも環境活動への取組みの王道だと言えます．

8.8 自己宣言

<自分たちで襟を正す>

自分たちの活動に責任をもつのは，自分たち自身．ISO 14001 展開の，究極の姿です．多くの困難が待ち受けていますが，挑戦してみる価値はあります．

(1)　自己宣言とは何か

環境マネジメントシステムの内容と運用状況が，ISO 14001に適合していることを，組織みずからが確認・自己決定し，宣言するものです．ISO 14001の序文に含まれ，選択肢の一つとなっています．

(2)　自己宣言を信頼してもらうには

認証では，認定を受けた認証機関による証明が得られ，これが信頼の証となっています．

一方，自己宣言は“いかに外部から信じてもらうか”に尽きます．判定基準と確認方法の公表と，環境報告書での成果披露が，信頼への道でしょう．

(3)　自己宣言は自己との戦い

人間は誰しも怠け者．新しいことはやりたくないし，面倒なことも避けて通りたい．自己宣言の落とし穴は，実は，自分たちの中に潜んでいます．

自治体などの公的機関や生協など，外から常に監視されている組織では，プライドに掛けて続けていくことでしょう．歯止め策の設置が欠かせません．

(4)　自己宣言を継続させる推進力

とはいえ最後は，経営トップの想いの強さが決め手です．本章で触れたようなマネジメント的価値を描ければ，それ自体が推進力となることでしょう．

8.9　組織の発展を環境活動が支える

<環境活動は “マネジメント” の一角>

環境への取組みも，組織の活動の一つ．“使えるチャンスは何にでも活かす” のは，マネジメントの基本です．これらもある種の “付加価値” ですね．

(1)　環境活動の特色を活かす

顧客が関係すると挑戦しにくいが，組織内だけだと気軽に取り組めるものもあります．環境活動のいくつかに，こうした特色をもたせてもよいですね．

(2)　環境を組織変革に活かす

環境に取り組むことに反対する人はいないでしょう．昔と違って組織内の全員が参加できる活動が少ない現在，貴重な場面と言えます．また，任意活動には各人の捉え方や組織への想いが直接的に表れます．改革の起爆剤として活用してみましょう．

(3)　戦略思考・システム思考・コミュニケーション

環境活動を成功させるカギは，観察力・洞察力・提案力です．もちろん土台には環境技術があります．そして戦略的・システム的に考えて，コミュニケーションを図って進め，ようやく成功に至ります．

環境活動とは，こんなトレーニングを積める，学べる，教え込める場なのです．

(4)　環境で練習して経営に応用

ISO 14001 は“マネジメント”のシステムです．単にテーマが“環境”であるというだけのことで，まさに経営そのものです．環境への取組みを練習台として，組織の人と仕組みを成長させましょう．

8.10　環境の基本は各人のハート

<一人ひとりの想いが環境に役立つ>

ここまで，さまざまなことをお話してきました．環境への取組みは，あくまでも任意の活動です．一人ひとりの気持ちを大切に進めていきましょう．

(1)　基本は“私たちと子孫の将来”

環境は，現時点ですでに問題が起きているものもあれば，後から影響が生じてくるものもあります．自分たちの後の世代が，“活き活き”と快適に生活できるように，いまから力を尽くしましょう．

(2)　意味と意義のあるテーマ選び

私たちは，ともすると，目的を見失いがちです．“これをやるのは何のためか”という視点から，取組みテーマの意味と意義とを考えましょう．その結果，有効な成果を残せて，気持ちが充実してくると，まさに“活き活き”の領域に入ってきます．

(3)　継続は力なり

環境への取組みには，短期決戦の瞬発力も必要ですが，長期戦となることも多いものです．

業務システム中に組み込む，日常業務そのものを環境対応とする，成果を見せて意欲を引き出すなど．“活き活き”を継続させるために，工夫しましょう．

(4)　個人の幸せと組織の幸せが“活き活き”への道

どのような取組みも，結局は，自分次第です．

やりがいを見いだして，自分が幸せになって，組織全体も幸せになる．これが“環境に対するマネジメント”の真髄ですし，“活き活き”への道なのです．

あとがき

ISO 14001は，製造業・建設業・サービス業をはじめ，多種多様な産業分野が取り組んでいます．ご自身の職場だけでなく，通勤時の電車や，買い物先のスーパーマーケットやコンビニエンスストアでも導入しています．そんなISO 14001規格の真意や真価とその活用方法を理解することによって，本音で環境活動に取り組むきっかけとなればと思い，本書をまとめました．

かつてテレビのドキュメンタリー番組で，ネイティブ・アメリカン(アメリカ先住民)に言い伝えられている“大地は，未来の子供たちからの預かり物”という言葉を，紹介していました．もともと環境のことを述べたものではありませんが，“将来を見据えて，いま私たちが環境に取り組まなければならない”という，環境にぴったりな言葉だと思います．この概念が，世界的な環境活動の原点にあたります．

とはいえ，組織は，適切な水準の利益が得られなければ，環境活動は存続し得ません．したがって，本書では，ビジネスとの両立やビジネスへの活用を強く意識しています．そのため，一般的なISO 14001の書籍とずいぶん毛色が異なるかもしれません．が，これらは，すべて筆者の本音です．

昨今ビジネスの世界では，生産性向上，効率化，不良低減などがよく話題に上がります．これらは，消費エネルギー低減や失敗に伴う余計な資源の使用削減などにも役立ちます．顧客へのソリューション提案に織り込むと，効果は組織外まで広がります．自組織が確立した環境技術の外部委託先への移植も同様です．これらは自組織の環境貢献であり，環境への取組みの醍醐味とも言えましょう．また，環境活動とビジネス，品質活動との融合の道も開けます．

しかし，環境というテーマの扱う範囲は非常に広く，しかも組織ごとに大幅に異なります．ISO 9001 が扱う品質は，否応なしに顧客から要求されますが，環境への取組みは，法規制などの義務事項以外は任意活動です．環境への取組みに，意義を感じて，楽しみと充実感を見いだすことが，何よりも大切だと考えています．本書も，ISO 9001 編と同様に，環境への取組みの“応援団”としてご活用くだされば，幸いです．

ISO 14001 の 2015 年改訂を機に，本書の全体を見直しました．しかし，内容を変えなければならない部分は少なく，基本に変化がないことを，あらためて確認しました．

本書の出版と改訂に際して，日本規格協会の出版部門をはじめ，多くの人の協力を得ました．この場をお借りして，御礼申し上げます．

国府　保周（こくぶ　やすちか）

1956年　三重県生まれ
1980年　三重大学工学部資源化学科卒業
荏原インフィルコ株式会社（現 荏原製作所）入社
環境装置プラントを担当
1987年　株式会社エーペックス・インターナショナル入社．エーペックス・カナダ副社長，A-PEX NEWS 編集長，品質保証課長，第三業務部長を歴任．またユーエル日本との合併後は，マネジメントシステム審査部長代理を務める．
2004年　株式会社日本 ISO 評価センター 常務取締役
現　在　研修講師，審査員，コンサルタントとして活躍中
（JRCA 登録主任審査員，CEAR 登録審査員補）

主要著書　“活き活き ISO 内部監査―工夫を導き出すシステムのけん引役”（日本規格協会）
“ISO 9001/ISO 14001 内部監査のチェックポイント 200―有効で本質的なマネジメントシステムへの改善”（日本規格協会）
“ISO 9001:2015 規格改訂のポイントと移行ガイド”（日本規格協会）
“2015年版対応 活き活き ISO 9001―日常業務から見た有効活用”（日本規格協会）

イラスト　飯塚　展弘（いいづか　のぶひろ）

2015 年版対応　活き活き ISO 14001
—本音で取り組む環境活動—
定価：本体 1,400 円(税別)

2004 年 2 月 27 日　　第 1 版第 1 刷発行
2005 年 1 月 13 日　　改訂版第 1 刷発行
2016 年 7 月 20 日　改訂 2 版第 1 刷発行

著　　者　国府　保周
発 行 者　揖斐　敏夫
発 行 所　一般財団法人 日本規格協会
〒 108–0073　東京都港区三田 3 丁目 13–12 三田 MT ビル
http://www.jsa.or.jp/
振替　00160–2–195146

印 刷 所　株式会社ディグ
製　　作　有限会社カイ編集舎

© Yasuchika Kokubu, 2016　Printed in Japan
ISBN978–4–542–30665–3

● 当会発行図書，海外規格のお求めは，下記をご利用ください．
販売サービスチーム：(03)4231–8550
書店販売：(03)4231–8553　注文 FAX：(03)4231–8665
JSA Web Store：http://www.webstore.jsa.or.jp/

図書のご案内

［2015年版対応］
活き活きISO 9001
—日常業務から見た有効活用

国府 保周 著

やり方は違っても，
仕事のエッセンスって世界共通なんですね！
——だからISO 9001，だから『活き活き』

▽▲▽目 次▽▲▽

第1章 組織の中のマネジメントシステム
◇マネジメントシステムの全体像◇
第2章 やるべきことをシステムとして捉える
◇ルールの制定と運用と基本事項◇
第3章 ISO 9001とは？
◇ISO 9001の原理・原則と特色◇
第4章 品質確保は全員で取り組む
◇直接業務をビジネスの流れで見る◇
第5章 組織内のルールを理解する
◇実務者の立場で考えてみる◇
第6章 経営者はどう見ているか
◇経営者の立場を知る◇
第7章 なぜ認証を取得するか？
◇認証取得の意義と目的と活用◇
第8章 普段から自分が気を付けること
◇当事者のあなたが行うこと，考えること◇

新書判　192ページ　定価：本体1,400円（税別）
ISBN978-4-542-30664-6

日本規格協会　http://www.webstore.jsa.or.jp/

図書のご案内

活き活きISO内部監査
—工夫を導き出すシステムのけん引役

国府 保周 著

マネジメントシステムを運用している皆さん！
内部監査は工夫の原動力になっていますか？
——だからISO内部監査，だから『活き活き』

▽▲▽目 次▽▲▽

第1章 ISO内部監査の実態はいかに？
◇意味のある，組織に役立つ活動になっているか◇
第2章 ISO内部監査の成長と変遷
◇マネジメントシステムも内部監査も成長する◇
第3章 監査に関する規格“ISO 19011”のポイント
◇ISO 19011の基本線を押さえる◇
第4章 ISO内部監査に臨む姿勢
◇PDCAで作戦を立てる◇
第5章 個々の場面で何を見るか
◇普段とは違うISO内部監査の見どころ◇
第6章 こんな秘策もあり！
◇マンネリ化を打破して新しい息吹をもたらす◇
第7章 ISO内部監査の成果を活用する
◇活かす術で監査の方法を変える◇
第8章 ISO内部監査を工夫する
◇題材はゴロゴロ，工夫してさらに前進！◇

新書判　184ページ　定価：本体1,300円（税別）
ISBN978-4-542-30626-7

日本規格協会 http://www.webstore.jsa.or.jp/

図書のご案内

ISO 9001:2015
規格改訂のポイントと移行ガイド

国府 保周 著

2015年版の規格が言わんとしていること，
それは――“何が必要かは組織で考えてもらう”
問われているのは“組織の考える力”
いま，マネジメントシステムを根幹から考え直す

▽▲▽目 次▽▲▽

第1章 2015年版の特徴的な事項
1.1 2015年版の概要／1.2 2015年版の構造面の特色／1.3 2015年版の内容面の特色／1.4 ISO/FDIS 9001とISO 9001:2008との関連性

第2章 規格の各箇条の理解と移行における観点
序文／1 適用範囲／2 引用規格／3 用語及び定義／4 組織の状況／5 リーダーシップ／6 計画／7 支援／8 運用／9 パフォーマンス評価／10 改善

第3章 2015年版への移行ガイド
3.1 品質マネジメントシステムの内容／3.2 品質マニュアルの対応／3.3 新規格での運用にあたって

第4章 参考資料他
4.1 リスクと機会に関する要求事項／4.2 文書化した情報の維持・保持に関する要求事項／4.3 パフォーマンスに関する要求事項

A5判　156ページ　定価：本体2,400円（税別）
ISBN978-4-542-30662-2

日本規格協会 http://www.webstore.jsa.or.jp/

図書のご案内

ISO 9001/14001
内部監査のチェックポイント200
—有効で本質的なマネジメントシステムへの改善

国府 保周 著

マニュアルからは拾い出せない，
“組織として考えてほしいこと”
“抜け落ちやすいこと”
を中心に抽出したチェックポイント集！

▽▲▽目 次▽▲▽

第1章 内部監査の改善はマネジメントシステム改善への道
1.1 内部監査はなぜ充実しないのか／1.2 有効な品質・環境マネジメントシステムとは／1.3 内部監査の進め方を工夫する ほか

第2章 具体的なチェックポイント—1 各種業務部門
2.1 製品企画・営業・受注・販売部門／2.2 設計・開発・基礎研究部門／2.3 購買・調達&原材料・資材保管部門 ほか

第3章 具体的なチェックポイント—2 すべての部門に対する共通事項
3.1 品質・環境方針と品質目標・環境目的・目標の展開／3.2 日常の環境活動／3.3 要員育成と要員確保 ほか

第4章 具体的なチェックポイント—3 経営層と推進役の特定活動
4.1 組織形態と責任・権限／4.2 著しい環境側面の決定／4.3 内部監査 ほか

第5章 内部監査の改善と有効活用に向けて
5.1 内部監査結果の分析と活用／5.2 内部監査員の成長を促す／5.3 内部監査の継続的改善

A5判　356ページ　定価：本体2,900円（税別）
ISBN978-4-542-30638-7

日本規格協会 http://www.webstore.jsa.or.jp/

リスクマネジメント関連図書

対訳 ISO 31000:2009
(JIS Q 31000:2010)
リスクマネジメントの国際規格［ポケット版］

日本規格協会　編
新書判・184 ページ
定価：本体 2,800 円（税別）

ISO 22301:2012
事業継続
マネジメントシステム
要求事項の解説

中島一郎　編著
岡部紳一，渡辺研司，櫻井三穂子　著
A5 判・184 ページ
定価：本体 3,200 円（税別）

ISO 31000:2009
リスクマネジメント
解説と適用ガイド

リスクマネジメント規格活用検討会　編著
編集委員長　野口和彦
A5 判・148 ページ
定価：本体 2,000 円（税別）

事業継続マネジメントの実践ガイド
事業継続に関する規格を使いこなすために

事業継続推進研究会　編著
編集委員長　中島一郎
A5 判・184 ページ
定価：本体 1,800 円（税別）

リスクマネジメントの実践ガイド
ISO 31000 の組織経営への取り込み

三菱総合研究所
実践的リスクマネジメント研究会　編著
A5 判・160 ページ
定価：本体 1,800 円（税別）

危機管理対策必携
事業継続マネジメント（BCM）構築の実際

インターリスク総研 小林　誠　監修
A5 判・288 ページ
定価：本体 2,800 円（税別）

すぐわかる
プロジェクトマネジメント

ISO/PC 236 国内対応委員会委員長
関　哲朗　編
新書判・136 ページ
定価：本体 1,000 円（税別）

やさしいシリーズ 21
BCM
（事業継続マネジメント）入門

小林　誠・渡辺研司　共著
A5 判・116 ページ
定価：本体 900 円（税別）

日本規格協会　http://www.webstore.jsa.or.jp/